Michaela Kurz

Fördermodelle Erneuerbarer Energien. Vor- und Nachteile des EEG 2017, EEG 2014 und des schwedischen Quotenmodells

Bibliografische Information der Deutschen Nationalbibliothek:

Die Deutsche Nationalbibliothek verzeichnet diese Publikation in der Deutschen Nationalbibliografie; detaillierte bibliografische Daten sind im Internet über http://dnb.d-nb.de abrufbar.

Impressum:

Ein Imprint der GRIN Verlag, Open Publishing GmbH

Druck und Bindung: Books on Demand GmbH, Norderstedt, Germany

Coverbild: GRIN | Freepik.com | Flaticon.com | ei8htz

Inhaltsverzeichnis

Abkürzungsverzeichnis

AEUV	Vertrag über die Arbeitsweise der europäischen Union
BGH	Bundesgerichtshof
BNetzA	Bundesnetzagentur
BVerfG	Bundesverfassungsgericht
EEG	Erneuerbare Energien Gesetz
EVU	Energieversorgungsunternehmen
EuG	Gericht der Europäischen Union
EuGH	Gerichtshof der europäischen Union
EnWG	Energiewirtschaftsgesetz
GG	Grundgesetz
GWh	Gigawattstunde
IPCC	Zwischenstaatlicher Ausschuss für Klimawandel
kW	Kilowatt
kWh	Kilowattstunde
KWK-Anlage	Kraft-Wärme-Kopplungsanlage
MW	Megawatt
OLG	Oberlandesgericht
StrEG	Stromeinspeisegesetz

1 Einleitung und Untersuchungsgang

Das Energiekonzept der Bundesregierung vom 28.09.2010 läutete in Deutschland die Energiewende ein, mit dem Ziel eine umweltschonende, zuverlässige und bezahlbare Energieversorgung zu sichern. Die bis zum Jahre 2050 ausgerichtete Gesamtstrategie verfolgte das Ziel, den Anteil konventioneller, fossiler Energieträger, an der Energieversorgung zu reduzieren und stattdessen den Schwerpunkt der Energieversorgung auf regenerative Energien zu legen.[1] Die Bundesregierung legte das Ziel fest, den Anteil erneuerbarer Energien am Bruttostromverbrauch bis zum Jahr 2050 auf mindestens 80 Prozent zu erhöhen und verfolgt weiterhin das Ziel bis 2050 mindestens 80 bis 95 Prozent weniger Treibhausgase zu emittieren. Somit entwickeln sich die Erneuerbaren Energien immer mehr von einer Nischentechnologie hin zu einem der Hauptenergieträger in der deutschen Stromversorgung. Dies wird langfristig zu einer Transformation des Energieversorgungssystems führen.[2] Ein zentrales Instrument der Energiewende ist das Erneuerbare-Energien-Gesetz (im Folgenden EEG), welches die Energiewende durch den Ausbau Erneuerbarer Energien vorantreiben soll.[3] Der Erfolg des EEG im Bereich der Zubauleistung spricht für sich: Seit der Einführung des EEG im Jahr 2000, ist der Anteil Erneuerbarer Energien von sechs Prozent auf über 31 Prozent im Jahr 2017 angestiegen.[4] Dieser Erfolg, ist vor allem auf eine den Anlagenbetreibern, über zwanzig Jahre zugesicherte Einspeisevergütung in Verbindung mit einer Netzanschluss- und Stromabnahmegarantie, zurückzuführen. Denn durch diesen Mechanismus haben Betreiber von erneuerbaren Energie-Anlagen eine große Planungssicherheit für ihr Projekt.[5] Mit dem wachsenden Anteil Erneuerbarer Energien an der Stromerzeugung stiegen allerdings auch die Förderkosten in den letzten Jahren immer weiter an.

---

1 Vgl. Ohms (2014): Recht der Erneuerbaren Energien, S. 10 – 11.

2 Vgl. Haucap; Klein; Kühling (2013): Die Marktintegration der Stromerzeugung aus Erneuerbaren Energien, S. 13.

3 Vgl. BMWi (2017): Das Erneuerbare-Energien-Gesetz, https://www.erneuerbare-energien.de/EE/Redaktion/ DE/Dossier/eeg.html?cms_docId=73930, zuletzt abgerufen am 25.04.2017 und Umweltbundesamt (2017): Treibhausgas-Emissionen in Deutschland, http://www.umweltbundesamt.de/daten/klimawandel/treibhausgas-emissionen-in-deutschland#textpart-4, zuletzt abgerufen am 27.04.2017.

4 Vgl. BMWi (2017): Erneuerbare Energien sind wichtigste Stromquelle in Deutschland, https://www.bmwi.de/Redaktion/ DE/Dossier/ erneuerbare-energien.html, zuletzt aufgerufen am 25.04.2017.

5 Vgl. Kapitel 2.6.

Diese werden durch eine sogenannte EEG-Umlage auf die Stromverbraucher umgelegt. Ein wesentlicher Grund für diese Kostensteigerung ist die fehlende Marktintegration der Erneuerbaren Energien, in den deutschen Strommarkt. Wettbewerbliche Mechanismen bzw. eine der Nachfrage entsprechende Stromeinspeisung seitens der regenerativen Anlagenbetreiber wurden durch das EEG nicht forciert.[6] Weiterhin führte der steigende und ungeregelte Ausbau der Erneuerbaren Energien zu einem erschwerten Netzmanagement, was weitere Kosten produzierte und ließ zudem die Frage nach der Versorgungssicherheit aufkommen.[7] Durch die sich verändernde Rolle der regenerativen Energien zu einem Hauptenergieträger, könnte sich die fehlende Marktintegration als eine Gefährdung für den liberalisierten und wettbewerblich organisierten Strommarkt darstellen.[8] Mit der Gesetzesnovelle EEG 2014 sollten die steigenden Kosten begrenzt werden, der Ausbau der Erneuerbaren Energien planvoller gestaltet und eine bessere Marktintegration erzeugt werden. Das Gesetz führte trotz gewisser Änderungen nicht zum gewünschten Erfolg und 2017 trat die nächste Novelle in Kraft, welche das deutsche Fördermodell von einem Einspeisevergütungssystem zu einem Ausschreibungssystem änderte. Der Gesetzgeber wollte durch diesen Systemwechsel eine kostengünstigere, sichere und marktintegrierende Förderung von Erneuerbaren Energien einführen.[9] In Hinblick auf die am 01.01.2017 in Kraft getretene EEG-Novelle, soll diese Ausarbeitung das EEG 2014 mit dem EEG 2017 vergleichen und die Fortschritte im Bereich Zubau und Steuerbarkeit der Erneuerbaren Energien, in Hinblick auf die Kosteneffizienz, Marktintegration sowie die Versorgungssicherheit und den Klimaschutz darstellen. Auch sollen einzelne Vor- und Nachteile der beiden Fördermodelle heurausgestellt werden, um so mögliche Chancen und Risiken des Systemwechsels aufzuzeigen. In einem Sondergutachten der Monopolkommission, schlug diese vor, die deutschen Förderproblematiken des Einspeisevergü-

6 Vgl. Haucap; Klein; Kühling (2013): Die Marktintegration der Stromerzeugung aus Erneuerbaren Energien, S. 5.

7 Vgl. BMWi (2017): Das Erneuerbare-Energien-Gesetz 2014, https://www.erneuerbare-energien.de /EE/Redaktion/ DE/Dossier/eeg.html?cms_docId=73930, zuletzt abgerufen am 25.04.2017.

8 Vgl. Haucap; Klein; Kühling (2013): Die Marktintegration der Stromerzeugung aus Erneuerbaren Energien, S. 13.

9 Vgl. BMWi (2016): Gesetzesentwurf der Bundesregierung – EEG 2016, https://www.bmwi.de/Redaktion/ DE/Downloads /G/gesetzentwurf-ausschreibungen-erneuerbare-energien-aenderungen-eeg-2016.pdf?__blob=publicationFile&v=4, S. 172.

tungssystems durch die Einführung eines Quotenmodells nach dem Vorbild Schwedens zu lösen. Dementsprechend soll in einem weiteren Schritt auch dieses Modell auf Vorteile sowie auf Nachteile überprüft werden und es soll eine Einschätzung darüber erfolgen, inwieweit sich dieses Modell für Deutschland eignen würde. Dieser Vergleich der einzelnen Fördermodelle soll zu einer Beurteilung darüber führen, ob durch das EEG 2017 integrierte Fördermodell die Ziele, die mit dem Ausbau erneuerbarer Energien verfolgt werden, bestmöglich erreichbar sind oder ob es bessere Alternativen gibt.

Beginnen wird die Ausarbeitung mit den Rechtsgrundlagen der Erneuerbaren Energien, um einen Überblick über die Hintergründe zu geben. Nach einer Begriffsdefinition, werden die völkerrechtlichen, die europäischen sowie die nationalen Rechtsgrundlagen zusammengefasst. Danach wird geklärt, inwieweit der Ausbau Erneuerbarer Energien überhaupt förderwürdig ist und ob der damit einhergehende Eingriff in die europäischen und deutschen Wirtschaftsgrundrechte gerechtfertigt erscheint. Im Anschluss werden die theoretischen Grundlagen der Förderinstrumente der Einspeisevergütung, des Ausschreibungsmodells sowie das Quotenmodell dargelegt. Um eine Einschätzung über den Erfolg der einzelnen Förderinstrumente abgeben zu können, werden im nächsten Schritt allgemeine und spezifische Erfolgskriterien der Förderinstrumente beschrieben. Daran anschließen wird die Darstellung des EEG 2014 mit seinem spezifischen Fördermechanismus. Zuerst werden hier die Ziele und Grundsätze des EEG 2014 erläutert, damit eine Erfolgsüberprüfung überhaupt möglich ist. Anschließend wird der Anwendungsbereich sowie das sich aus dem EEG 2014 ergebene gesetzliche Schuldverhältnis zwischen Anlagenbetreiber und Netzbetreiber erläutert. Danach wird der Hauptfördermechanismus der festen Einspeisevergütung vorgestellt. Im weiteren Verlauf werden weitere Fördermechanismen wie die Anschluss- und Abnahmeverpflichtung sowie weitere Aspekte des EEG 2014 genauer beschrieben. Dann soll die Effektivität und Effizienz des Gesetzes in Hinblick auf die vorher definierten Ziele: Ausbauziel und Steuerbarkeit, Kosteneffizienz, Marktintegration, Versorgungssicherheit, Klimaschutz und Gesetzeskonformität überprüft werden. Nachdem eine Einschätzung des EEG 2014 erfolgt ist, soll das EEG 2017 in der gleichen Weise dargestellt und hierdurch auf die wichtigsten Änderungen zum EEG 2014 aufmerksam gemacht werden. Anschließend erfolgt eine kurze Darstellung des schwedischen Quotenmodells und eine Einschätzung darüber, inwiefern sich mit diesem Modell die Ziele des EEG erreichen lassen und welche Vor- und Nachteile für den Ausbau erneuerbarer Energien in Deutschland bestehen. Zum Schluss werden die

Ergebnisse in einer Schlussbetrachtung zu einem Ergebnis zusammengeführt und es erfolgt eine Einschätzung darüber, ob es sich bei dem EEG 2017 um ein erfolgreiches und zielführendes Förderinstrument handelt.

2 Grundlagen des Rechts der Erneuerbaren Energien

Im Folgenden soll erläutert werden, auf welchen rechtlichen Grundlagen ein Förderinstrument für Erneuerbare Energien begründet ist. Zuerst wird der Begriff der Erneuerbaren Energien definiert. Es werden dann die völkerrechtlichen, die europäischen und deutschen Rechtsgrundlagen näher beleuchtet. Anschließend wird eine kurze Zusammenfassung zur geschichtlichen Entwicklung des deutschen EEG gegeben.

2.1 Der Begriff der Erneuerbaren Energien

Erneuerbare bzw. regenerative Energien zeichnen sich durch, in menschlichen Maßstäben, ihre Unerschöpflichkeit aus. Im Gegensatz hierzu, sind die fossilen Energieträger, wie Kohle oder Gas, ressourcenbedingt endlich.[10] Regenerative Energien werden aus den Energiequellen Solarenergie, geothermische Energie sowie Gezeitenenergie gewonnen. Durch die solare Einstrahlung ist es möglich weitere regenerative Energieformen wie Windkraft und Wasserkraft zu erzeugen.[11]

2.2 Der Begriff der Erneuerbaren Energien im Sinne des EEG

Gem. § 3 Abs. 1 Nr. 21 EEG 2017 sind erneuerbare Energien im Sinne des Gesetzes Wasserkraft einschließlich der Wellen-, Gezeiten-, Salzgradienten- und Strömungsenergie, Windenergie, solare Strahlungsenergie, Geothermie, und Energie aus Biomasse einschließlich Biogas, Biomethan, Deponiegas und Klärgas sowie aus dem biologisch abbaubaren Anteil von Abfällen aus Haushalten und Industrie. In der alten Fassung wurde der Begriff der erneuerbaren Energien in § 5 Abs. 1 Nr. 14 EEG 2014 definiert, wobei Wortlaut und Umfang in der neuen Fassung unverändert blieb. Durch die Begriffsbestimmung der genannten Energieträger lässt sich eine Förderfähigkeit, durch das EEG, für diese Energietechnologien ableiten.[12]

---

10 Vgl. Gabler Wirtschaftslexikon: Erneuerbare Energien, http://wirtschaftslexikon.gabler.de/Definition/erneuerbare-energien.html, zuletzt abgerufen am 06.03.2017.

11 Vgl. Kaltschmitt, Streicher, Wiese (2005): Erneuerbare Energien, S. 4.

12 Vgl. Hennig, von Bredow, Valentin in Frenz, Müggenborg, Cosack, Ekradt (2015): EEG, S. 257.

2.3 Völkerrecht

Mit der Klimarahmenkonvention von 1992 setzten sich die Vereinten Nationen das Ziel, den Klimawandel zu verhindern. Diese Ziele waren für die Staaten allerdings nicht rechtsverbindlich. Das wohl bekannteste völkerrechtliche Klimaabkommen wurde 1997 von der internationalen Staatengemeinschaft auf der Klimakonferenz in Kyoto verabschiedet. Durch das sogenannte Kyoto-Protokoll haben sich die Industriestaaten erstmals zu einer verbindlichen Emissionsreduzierung verpflichtet.[13] Insgesamt wurde das Kyoto-Protokoll von 146 Staaten und Organisationen unterzeichnet, welche im Jahre 1990 insgesamt für mehr als die Hälfte der Treibhausgasemissionen verantwortlich waren.[14] Deutschland unterzeichnete das Protokoll im Jahr 1998 und integrierte es als Bundesgesetz in nationales Recht.[15] Das Kyoto-Protokoll trat am 16.02.2005 in Kraft und bis 2012 sollten die Gesamtemissionen der verpflichteten Staaten, durch länderspezifische Reduktionsziele, gegenüber 1990 um 5 % gesenkt werden.[16] Nach dem Auslaufen der Kyoto-Vereinbarung scheiterten zunächst die Verhandlungen über eine neue, rechtsverbindliche Vereinbarung zur Emissionsreduzierung. Auf der Klimakonferenz in Durban vereinbarten die Staaten bis 2015 ein globales und verbindliches Abkommen auszuarbeiten, welches 2020 in Kraft treten sollte. Ziel ist den Anstieg der Erderwärmung unter 2 Grad zu halten, um die Auswirkungen des Klimawandels in einen beherrschbaren Rahmen zu halten.[17] Auf der Klimakonferenz von Paris im Jahr 2015, wurde das Abkommen von Paris geschlossen, welches erstmals neben den Industriestaaten auch Transformationsländer verbindlich verpflichtete Treibhausgasemissionen zu reduzieren. Fast alle Staaten haben dazu nationale Klimaschutzziele definiert, um das Ziel zu verfolgen, die Klimaerwärmung nicht über 2 Grad ansteigen zu lassen. Mit der Ratifizierung des Abkommens sind die Staaten dazu verpflichtet, ihre Ziele umzusetzen und diese alle fünf Jahre auf ihre Aktualität und Angemessenheit zu überprüfen und dementsprechende neue Ziele vorzulegen.[18] Schon am

---

13 Vgl. Ohms, (2014): Recht der Erneuerbaren Energien, S 2.

14 Vgl. Timmermann in Säcker, Franz Jürgen (2014): Energierecht Band 2, S. 15.

15 Vgl. Ohms, (2014): Recht der Erneuerbaren Energien, S. 25.

16 Vgl. Timmermann in Säcker, Franz Jürgen (2014): Energierecht Band 2, S. 15.

17 Vgl. Timmermann in Säcker, Franz Jürgen (2014): Energierecht Band 2, S. 15 ff.

18 Vgl.BMUD (2016): Die Klimakonferenz in Paris, http://www.bmub.bund.de/themen/klima-energie/klimaschutz/internationale-klimapolitik/pariser-abkommen/#c33180, zuletzt abgerufen am 27.04.2017.

16.04.2016 trat das Abkommen in Kraft, da hierzu die Ratifizierungen von 55 Staaten, die mindestens 55 % der Weltemissionen verursachen, nötig waren. Bis zu diesem Zeitpunkt unterzeichneten mehr als 170 Staaten, darunter Deutschland, die EU, die USA und China, das Abkommen.[19]

2.4 Europäisches Gemeinschaftsrecht

Im europäischen Gemeinschaftsrecht sind die Erneuerbare Energien-Richtlinie sowie die Elektrizitätsbinnenmarkt-Richtlinie zu nennen, die die Förderung regenerativer Energien in den Mitgliedsstaaten der EU erst ermöglicht haben.

2.4.1 Die Erneuerbare Energien-Richtlinie

Die Richtlinie 2001/77/EG des Europäischen Parlaments und des Rates zur Förderung der Stromerzeugung aus Erneuerbaren Energiequellen im Elektrizitätsbinnenmarkt aus dem Jahr 2001 soll den Ausbau der Erneuerbaren Energien in der EU vorantreiben sowie einen Gemeinschaftsrahmen für die einzelnen Mitgliedsstaaten schaffen.[20] Die EU wollte damit u. a. einen Beitrag zum Umweltschutz und der Versorgungssicherheit leisten und verfolgte das Ziel, die Vorgaben des Kyoto-Protokolls schnellstmöglich zu erreichen. Deutschland setzte die Richtlinie durch das EEG 2004 in nationales Recht um.[21] Die Richtlinie formulierte auch erstmals ein Richtziel für die Steigerung des Erneuerbaren Energien Anteils. Bis 2010 sollte dieses bei insgesamt über 20 Prozent liegen.[22] Jeder Mitgliedstaat erhielt individuelle Richtziele. Deutschland sollte seinen Anteil regenerativer Energien bis 2010 auf 12,5 % steigern. Wie die Ziele erreicht werden, wurde den Mitgliedstaaten weitestgehend selbst überlassen. Solange die nationale Förderung mit dem Unionsrecht vereinbar wäre, sind z. B. grüne Zertifikate, Investitionsbeihilfen, Steuerbefreiungen, Steuererstattungen oder direkte Preisstützsysteme denkbar.[23] Gem. Art. 4 der Richtlinie ist die Kommission für die Überwachung der Förderinstrumente

---

[19] Tagesschau.de (2016): Ein Abkommen, das Druck erzeugt, https://www.tagesschau.de/inland/pariser-klimaabkommen-101.html und theguardian (2016): Paris climate deal:countires with about half global emissions to join this year, https://www.theguardian.com/environment/2016/apr/25/paris-climate-agreement-environment-climate-change-un, zuletzt abgerufen am 27.04.2017.

[20] Vgl. Ohms, (2014): Recht der Erneuerbaren Energien, S. 26.

[21] Vgl. Schulz in Schulz, Thomas (2014): Handbuch Windenergie, S. 22.

[22] Vgl. Ohms, (2014): Recht der Erneuerbaren Energien, S. 26.

[23] Vgl. Schulz in Schulz, Thomas (2014): Handbuch Windenergie, S. 22 ff..

zuständig, damit Verstöße der Fördermechanismen gegen EU-Recht verhindert werden. Gem. Art. 5 der Richtlinie sind Herkunftsnachweise für den regenerativ erzeugten Strom verpflichtend, um den genauen Anteil erneuerbarer Energie im Verhältnis zur Gesamtenergiemenge nachweisen zu können.[24] Durch die Richtlinie müssen die Mitgliedstaaten weiterhin dafür sorgen, dass die Netzbetreiber die Übertragung und Verteilung von Erneuerbaren Energien garantieren.[25] Im Jahr 2009 wurde eine neue Erneuerbare-Energien-Richtlinie erlassen, welche die vorherige Richtlinie ersetzte und die das im März 2007 durch die EU beschlossene 20/20/20-Ziel beinhaltete. Durch dieses verbindliche Ziel, soll bis im Jahr 2020 die CO_2-Emissionen um 20 % reduziert und der Anteil Erneuerbarer Energien in der EU auf 20 %, gesteigert, sowie ein Mindestanteil an Erneuerbaren Energien im Verkehrssektor von 10 % erreicht werden. Als Referenzjahr wird das Jahr 1990 herangezogen.[26] Des Weiteren wurde die Biokraftstoffrichtlinie von 2003, durch die Einführung der RL 2009 ebenfalls aufgehoben und integriert. Somit wurde für die Bereiche Erneuerbare Energien, Wärme/ Kälte und Transport ein gemeinschaftlicher Rechtsrahmen geschaffen.[27] Für die Mitgliedstaaten wurden verbindliche Ziele festgelegt, wobei Deutschland bis 2020 einen Anteil von 18 % Erneuerbarer Energien am Endenergieverbrauch erreichen soll.[28] Neben den nationalen Fördersystemen, besteht auch die Möglichkeit die individuellen Ziele durch gemeinsame Projekte mit anderen Mitgliedstaaten zu erreichen. Diese besteht auf freiwilliger Basis und ermöglicht den Mitgliedstaaten, frei zu entscheiden, inwieweit ihre Fördersysteme auch für Strom aus erneuerbare Energien anwendbar sind, der in anderen Mitgliedstaaten erzeugt wird.[29]

---

24 Vgl. Haucap; Klein; Kühling (2013): Die Marktintegration der Stromerzeugung aus Erneuerbaren Energien, S. 28.

25 Vgl. Schulz in Schulz, Thomas (2014): Handbuch Windenergie, S. 23.

26 Vgl. Lehnert; Vollprecht (2009): Neue Impulse von Europa: die Erneuerbare-Energien-Richtlinie der EU in ZUR 2009, S 301 ff., beck online oder vgl. Ringel; Bitsch (2009): Die Neuordnung des Rechts der Erneuerbaren Energien in Europa in NVwZ, S. 807.

27 Vgl. Ohms, (2014): Recht der Erneuerbaren Energien, S. 27.

28 Vgl. Sailer; Kantenwein in Resthöft; Schäfermeiser (2014): EEG, S. 144.

29 Vgl. Haucap; Klein; Kühling (2013): Die Marktintegration der Stromerzeugung aus Erneuerbaren Energien, S. 28 ff.

2.4.2 Die Elektrizitätsbinnenmarkt-Richtlinie

Um die Schaffung eines einheitlichen und liberalisierten europäischen Binnenmarktes zu schaffen, erließ die EU auf Grundlage ihrer Harmonisierungskompetenz gem. Art. 114 AEUV drei Binnenmarktpakete. 1996 wurde die Richtlinie 96/92/EG erlassen, welche die bis dahin bestehenden Gebietsmonopole der Energieversorgungsunternehmen auflöste, einen diskriminierungsfreien Netzzugang für Dritte zusicherte und die Trennung der Netzmonopole von der Versorgungs- und Vertriebsebene zur Schaffung von Wettbewerb vorsah.[30] Diese Richtlinie wurde 2003 sowie 2009 durch die Beschleunigungsrichtlinien ersetzt, um die Ziele effektiver zu verfolgen. Durch die Richtlinien sollte ein diskriminierungsfreier, wettbewerbsbasierter Elektrizitätsmarkt geschaffen werden, der eine sichere und nachhaltige Versorgung zu stabilen Preisen verfolgte. Durch die Auflösung der Gebietsmonopole und dem diskriminierungsfreien Netzzugang wurde erst ein Markt geschaffen, der Energieproduzenten aus Erneuerbaren Energien den Zugang zum Energiemarkt möglich machte.[31] Die Umsetzung in deutsches Recht erfolgte durch die Novellierungen des Energiewirtschaftsgesetzes (EnWG). Die Schaffung eines Binnenmarktes wurde durch weitere Richtlinien und Verordnungen, wie z. B. die Verordnung (EG) Nr. 1228/2003 über die Netzausbaubedingungen für den grenzüberschreitenden Stromhandel, ergänzt.[32] Die vorher genannte Erneuerbare Energien-Richtlinie gilt gegenüber dieser Binnenmarktrichtlinie als lex speciales und geht, sollte sie auf diese Bezug nehmen, als speziellere Regelung vor.[33]

2.5 Nationales Recht

In Deutschland teilen sich Bund und Länder die Gesetzgebungskompetenzen. Dementsprechend ist zu klären, wer diese für die Energiewirtschaft auszuüben hat. Durch die Umsetzung der europäischen Binnenmarktrichtlinie in nationales Recht, wurde das Energiewirtschaftsgesetz novelliert und bildet eine wichtige Grundlage für die Erzeugung von Energie aus erneuerbaren Technologien. Des Weiteren

30 Vgl. Schulz in Schulz, Thomas (2014): Handbuch Windenergie, S. 20 ff..

31 Vgl. Ohms, (2014): Recht der Erneuerbaren Energien, S. 28.

32 Vgl. Schulz in Schulz, Thomas (2014): Handbuch Windenergie, S. 21.

33 Vgl. Haucap; Klein; Kühling (2013): Die Marktintegration der Stromerzeugung aus Erneuerbaren Energien, S. 28.

wurde 2011 ein Gesetzespaket zur Energiewende verabschiedet, das auch für den Ausbau der Erneuerbaren Energien von Bedeutung ist.

2.5.1 Kompetenzverteilung Bund und Länder

Inwieweit sich die Kompetenzen in Bezug auf die Gesetzgebung auf Bund und Länder verteilen, ist im Grundgesetz (im Folgenden GG) geregelt.[34] Gem. Art. 74 Abs. 1 Nr. 11 GG gehört die Energiewirtschaft der konkurrierenden Gesetzgebung an. Allerdings hat der Bund das Gesetzgebungsrecht nach Art. 72 Abs. 2 GG, wenn und soweit die Herstellung gleichwertiger Lebensverhältnisse im Bundesgebiet oder die Wahrung der Rechts- und Wirtschaftseinheit im gesamtstaatlichen Interesse eine bundesgesetzliche Regelung erforderlich macht. Sollte der Bund von dieser Regelung Gebrauch machen, dann hat dies eine Sperrwirkung für die Länder zur Folge. Ob diese Voraussetzungen erfüllt sind, liegt im Ermessen des Bundes, der laut Sannwald einen weiten Prognosespielraum hat.[35] Es ist davon auszugehen, dass energiewirtschaftliche Belange grundsätzlich einer bundeseinheitlichen Regelung bedürfen.[36] Die einheitliche Regelung durch das EEG wurde u. a. mit dem bundesweiten Ausgleichmechanismus gerechtfertigt, damit es zu einer gleichmäßigen Verteilung der Förderungszahlung kommt.[37]

2.5.2 EnWG

Das EnWG folgt der Leitlinie eine möglichst sichere Energieversorgung zu schaffen, die umweltgerecht, verbraucherfreundlich und preisgünstig erfolgen soll. Im Zuge der Liberalisierung der Energiemärkte ist man zu dem Schluss gekommen, dass dies nicht durch Gebietsmonopole, sondern am besten durch Wettbewerb der Anbieter erfolgen kann.[38] Das EnWG hat u. a. die Aufgabe den Netzzugang zu regulieren und einen diskriminierungsfreien Netzanschluss und Zugang zu gewährleisten, um so die Vorgaben der Elektrizitätsbinnenmarktrichtlinie zu erfüllen.[39] Durch

---

34 Vgl. Schulz in Schulz, Thomas (2014): Handbuch Windenergie, S. 33.

35 Vgl. Sannwald in Schmidt-Bleibtreu; Hofmann; Hopflauf (2001): GG, Art. 72 Rn. 75.

36 Vgl. Schulz in Schulz, Thomas (2014): Handbuch Windenergie, S. 33.

37 BT-Drs. 15/2864, v. 01.04.2004, S. 21 und Kapitel 6.8.

38 Vgl. Säcker in Säcker (2010): Berliner Kommentar zum Energierecht, S 16.

39 Vgl. Stappert in Stuhlmacher; Stappert; Schoon; Jansen (2015): Grundriss zum Energierecht, S. 10 ff.

diese Regelungen ist es möglich eine auf Erneuerbaren Energien basierende Strom- und Gasversorgung sicherzustellen.[40]

2.5.3 Gesetzespaket zur Energiewende

Aufgrund des Atomunglückes in Fukushima im Jahre 2011, wurde ein Gesetzespaket verabschiedet, welches die Energiewende vorantreiben sollte. Neben dem Atomausstiegsgesetz, das den Ausstieg Deutschlands aus der Kernenergie beschleunigte, wurden noch weitere Regelungen zur Energiewende auf den Weg gebracht. Denn dem Gesetzgeber war bewusst, dass eine sichere Versorgung mit Energie, ganz ohne die Atomenergie, nur mit einer nachhaltigen Ersatztechnologie durchführbar wäre.[41] Neben dem Atomausstiegsgesetz wurden u. a. das Gesetz zur Neuregelung energiewirtschaftlicher Vorschriften, das Gesetz über Maßnahmen zur Beschleunigung des Netzausbaus, das Gesetz zur Stärkung der klimagerechten Entwicklung in den Städten und Gemeinden oder das Gesetz zur Änderung des Gesetzes zur Errichtung eines Sondervermögens „Energie- und Klimafonds" verabschiedet.[42] Diese Gesetze sollen einen Ausgleich für die wegfallende Atomenergie schaffen. Die Erneuerbaren Energien und dessen Förderung kommt dementsprechend eine wichtige Bedeutung zu.[43]

2.6 Vom Stromeinspeisegesetz bis zum EEG 2014

Um das EEG 2014 mit dem EEG 2017 vergleichen zu können, wird diese Ausarbeitung die Hintergründe und die geschichtliche Entwicklung des Fördergesetzes EEG kurz erläutern und zusammenfassen. Vorgänger des EEG ist das Gesetz über die Einspeisung von Strom aus Erneuerbaren Energien in das öffentliche Netz, kurz Stromeinspeisegesetz (im Folgenden StrEG), welches von 1991 bis zum Jahr 2000 in Deutschland die Einspeisung von regenerativen Strom regelte.[44] Vorher gab es keine spezifische Förderregelung für Erneuerbare Energien in Deutschland.[45] Das Gesetz enthielt schon, wie das EEG, eine Abnahmeverpflichtung des regenerativen

---

[40] Vgl. Vgl. Ohms, (2014): Recht der Erneuerbaren Energien, S. 33.

[41] Vgl. Sellner; Fellenberg (2011): Atomausstieg und Energiewende 2011 – das Gesetzespaket im Überblick in NVwZ, beck-online.

[42] Vgl. Ohms, (2014): Recht der Erneuerbaren Energien, S. 51.

[43] Vgl. Sellner; Fellenberg (2011): Atomausstieg und Energiewende 2011 – das Gesetzespaket im Überblick in NVwZ, beck-online.

[44] Vgl. Kosinowski; Groth (2011): Die deutsche Förderung erneuerbarer Energien S. 62.

[45] Vgl. Schneider in Schneider; Theobald (2008): Recht der Energiewirtschaft, S. 1126.

Stromes der Energieversorgungsunternehmen und eine bestimmte Vergütung der produzierten Energie. Die Höhe der Vergütung bemaß sich an den durchschnittlichen Endverbraucherpreisen der vorangegangenen zwei Jahren. Strom aus Solar- und Windkraft wurde z. B. mit 90 % der durchschnittlichen Erlöse nach dem StrEG vergütet. Für andere regenerative Energie gab es eine geringere Vergütung. Die Abhängigkeit der Vergütung von den Verbraucherpreisen, hatte den Nachteil, dass bei sinkenden Strompreisen auch die Förderhöhe sank und ein rentabler Betrieb nicht mehr gewährleitet war. Ausgeschlossen von der Vergütung waren Anlagen, die mehr als 5 MW an Leistung produzierten und Betreiber bei denen Bund oder Länder mit mehr als 25 % beteiligt waren. Auch Geothermie und Grubengas waren von der Förderung ausgenommen.[46] Des Weiteren gab es für die Finanzierung der Förderung noch keinen Umwälzungsmechanismus, sondern nur gem. § 4 StrEG eine Härtefallklausel, die Energieversorgungsunternehmen (im Folgenden EVU) im Fall unbilliger Härte nicht zur Abnahme und Vergütung verpflichtete. Da die einzelnen EVU zur Abnahme und Vergütung verpflichtet waren, kam es für EVU zu Benachteiligungen, die Netze an windhöffigen Standorten betrieben.[47] Diese Ungleichbehandlung sollte durch eine Novellierung im Jahre 1998, durch den doppelten Fünf-Prozent-Deckel, beseitigt werden. Demnach sollte der jeweils vorgelagerte Netzbetreiber zur Abnahme und Vergütung des erneuerbaren Stroms verpflichtet werden, sobald der regenerative Stromanteil eines EVU fünf Prozent der von ihm abgesetzten kWh überstieg. Sollte beim vorgelagerten Betreiber auch die Fünf Prozent Marke überstiegen sein, dann entfiel die Vergütungs- und Abnahmepflicht nach dem StrEG.[48] Die Novelle des StrEG blieb nicht lange in Kraft, da sich schnell einige Missstände offenbarten. Ein Jahr später gab Preußen Elektra bekannt, dass der doppelte 5 % Deckel in ihrem Netzgebiet erreicht sei und somit keine Verpflichtung zur Vergütung des grünen Stroms bestand. Auch reduzierten sich die Einspeisevergütungen aufgrund der sinkenden Verbraucherstrompreise, so dass dies einen wirtschaftlichen Betrieb vieler förderfähiger Anlagen gefährdete. Der Gesetzgeber wollte diesen Missständen entgegensteuern und erließ daraufhin im Jahr 2000 das Gesetz für den Vorrang erneuerbarer Energien.[49] Mit diesem Gesetz wurde der

46 Vgl. Reiche, Danyel (2004): Rahmenbedingungen für erneuerbare Energien in Deutschland, S. 145.

47 Vgl. Schneider in Schneider; Theobald (2008): Recht der Energiewirtschaft, S. 1129.

48 Vgl. Hemmelskamp (1999): Umweltpolitik und technischer Fortschritt, S. 189.

49 Vgl. Schneider in Schneider; Theobald (2008): Recht der Energiewirtschaft, S. 1128.

Fünf-Prozent-Deckel abgeschafft. Die Abnahme und Vergütungspflicht des nächsten Netzbetreibers blieb jedoch bestehen. Allerdings wurde die Vergütung durch einen Umwälzungsmechanismus auf die Stromlieferanten umgelegt. Die Stromlieferanten, die Energie an Letztverbraucher lieferten, hatten den regenerativen Strom von dem in ihrer Regelzone zuständigen Netzbetreiber abzunehmen und diesen nach dem Durchschnittssatz der Einspeisevergütungen zu vergüten. Des Weiteren wurden Mindestvergütungen für die einzelnen Energieträger festgesetzt, die über eine Förderdauer von 20 Jahren zu zahlen waren. Im Gegensatz zum StrEG waren die Energieträger Geothermie und Grubengas nach dem EEG förderfähig.[50] Im August 2004 trat dann die novellierte Fassung des EEG in Kraft. Der grundsätzliche Fördermechanismus blieb weiterhin bestehen. Allerdings wurden die Vergütungshöhen an die vorhandene Marktsituation angepasst.[51] Des Weiteren wurde eine Regelung geschaffen, die das Repowern von Anlagen, die bis zum 31.05.1995 in Betrieb gegangen sind, möglich machte und so eine Anschlussförderung, durch die Errichtung von leitungsstärkeren Anlagen, an diesen Standorten anbot.[52] Im Jahr 2009 trat eine weitere Fassung des EEG in Kraft. Mit dieser Novelle wurde das Ziel verfolgt, den Anteil erneuerbarer Energien bis zum Jahr 2020 auf mindestens 30 % zu erhöhen und auch nach dieser Periode den Anteil weiter zu steigern. Um eine Verbesserung der Bedingungen zu erhalten, wurden eine Regelung zum Einspeisemanagement bei Netzengpässen sowie die optionale Direktvermarktung eingeführt. Die Höhe der Vergütungen wurde erneut der Marktsituation angepasst. Eine erneute EEG Reform wurde 2012 umgesetzt. Hier wurden Bereiche der Solarenergie, Offshore Windenergie, Bioenergie sowie die Direktvermarktung neu geregelt. Auch nach dieser Reform wurden weitere Veränderungen bzw. Verbesserungen gefordert, wodurch das EEG 2014 auf den Weg gebracht wurde, welches das EEG 2012 ablöste.[53]

Nachdem eine Begriffsdefinition der Erneuerbaren Energien erfolgt ist und die rechtlichen Grundlagen erläutert wurden, wird im folgenden Kapitel die Frage thematisiert, ob Erneuerbare Energien förderwürdig erscheinen und ob sich die daraus resultierenden Grundrechtseingriffe rechtfertigen lassen.

[50] Vgl. Ohms (2014): Recht der Erneuerbaren Energien, S. 115.

[51] Vgl. Frenz; Müggenborg; Cosack; Ekardt (2015): EEG, S. 23.

[52] Vgl. Scheffler (2014): Die gesetzliche Basis und Förderinstrumente der Energiewende, S. 7.

[53] Vgl. Frenz; Müggenborg; Cosack; Ekardt (2015): EEG, S. 24 ff. und Ohms (2014): Recht der Erneuerbaren Energien, S. 116 ff.

3 Förderwürdigkeit der Erneuerbaren Energien

Da die Produktion von regenerativ erzeugtem Strom derzeit noch teurer ist, als die Erzeugung aus konventionellen Energieträgern, sind die Erneuerbaren Energien am Markt nicht konkurrenzfähig. Damit ein voranschreitender Ausbau von Erneuerbarer Energien erfolgt, müssen diese Energien gefördert werden.[54] Die Förderung regenerativ erzeugter Energie, z. B. durch das EEG, geht allerdings einher mit einem Eingriff des Staates in die europäischen und deutschen Wirtschaftsgrundrechte sowie die europäischen Grundfreiheiten.[55] Nun stellt sich die Frage, inwieweit Erneuerbare Energien überhaupt förderungswürdig sind und ob dieser staatliche Eingriff gerechtfertigt erscheint. Dies soll im Folgenden erläutert werden.

3.1 Förderungswürdigkeit

Obwohl die Kosten der Erneuerbaren Energien, die der konventionellen Erzeugung übersteigen, gibt es mehrere Gründe in den Ausbau dieser zu investieren und voranzutreiben. Die Erneuerbaren Energien sind ein wichtiger Faktor im Umweltschutz. Vor allem in den Bereichen des Klimawandels und der Ressourcenverknappung kommt ihnen eine wichtige Bedeutung zu.[56] Es ist notwendig, die durch die Menschen verursachten Emissionsausstöße bis 2020 drastisch zu reduzieren, wenn sich die Folgen des Klimawandels in einem beherrschbaren Rahmen halten sollen. Dies geht aus einem Bericht des IPCC (Zwischenstaatlicher Ausschuss für Klimawandel) hervor.[57] Um Emissionen bzw. den CO_2-Ausstoß zu verringern, können regenerative Energien einen wichtigen Beitrag leisten.[58] Denn die Erzeugung von Strom aus fossilen Energieträgern trägt einen großen Anteil an den verursachten Emissionen bei. Der durch den Energieverbrauch verursachte CO_2-Ausstoß liegt bei ca. 80 Prozent. Im Gegensatz dazu, werden durch die regenerativen Technologien entweder keine Emissionen verursacht bzw. weist zumindest die Erzeugung von Strom durch Biomasseanlagen eine neutrale Emissionsbilanz auf.[59] Ein

---

54 Vgl. Glenz in Schulz, Thomas (2014): Handbuch Windenergie, S. 8.

55 Vgl. Ekardt in Frenz; Müggenborg; Cosack; Ekardt (2015): EEG, S. 41.

56 Vgl. Groß (2012): Die Bedeutung des Umweltstaatsprinzips für die Nutzung Erneuerbarer Energien in Müller (2012): 20 Jahre Recht der Erneuerbaren Energien, S. 107.

57 Vgl. Ohms (2014): Recht der Erneuerbaren Energien, S. 1.

58 Vgl. Ohms (2014): Recht der Erneuerbaren Energien, S. 1.

59 Vgl. Groß (2012): Die Bedeutung des Umweltstaatsprinzips für die Nutzung Erneuerbarer Energien in Müller (2012): 20 Jahre Recht der Erneuerbaren Energien, S. 108.

weiterer wichtiger Punkt ist die Schonung von fossilen Ressourcen, der Investitionen in erneuerbare Energien notwendig macht. Denn Öl, Gas oder Kohle sind nicht wie Sonne und Wind in einem unbegrenzten Maße verfügbar.[60] Des Weiteren kommt es bei der Ölförderung sowie beim Transport, durch Unfälle oder Katastrophen, immer wieder zu Umweltbelastungen. Auch die Atomenergie ist durch die Uranförderung und den jüngst geschehenen Reaktorkatastrophen ein großer Risikofaktor für die Umwelt.[61] Auch lässt die begrenzte Verfügbarkeit von Rohstoffen, die für die Erzeugung fossiler Energie benötigt werden, die Frage nach der Versorgungssicherheit laut werden. Vor allem vor dem Hintergrund, dass laut unterschiedlichen Prognosen der Weltenergiebedarf zukünftig steigen wird.[62] Der Ausbau Erneuerbarer Energien würde diesem Problem vorbeugen und gleichzeitig die Abhängigkeit eines Staates von Energieimporten minimieren.[63] Auch sind die eben genannten Probleme der konventionellen Stromerzeugung nicht in den Strompreisen abgebildet. Denn für die Entsorgung von Brennstäben, der Schutz vor Reaktorkatastrophen sowie die Beseitigung von Klima- und Umweltschäden fallen Folgekosten an, die die der Erneuerbaren Energien übersteigen. Dadurch, dass die externen Kosten in den Strompreisen unberücksichtigt bleiben, kommt es bei den regenerativen Technologien zu Wettbewerbsnachteilen. Um diese Nachteile auszugleichen, ist es notwendig die erneuerbaren Energien zu fördern.[64]

3.2 Rechtfertigung

Wie eingangs erwähnt, stellt die Förderung Erneuerbarer Energien, z. B. durch das EEG, eine Beeinträchtigung gewisser Wirtschaftsgrundrechte und europäischen Grundfreiheiten dar. Ein Verstoß gegen europäisches oder deutsches Recht würde allerdings nur vorliegen, wenn dieser Eingriff nicht gerechtfertigt wäre. Bisher wurde eine Vereinbarkeit des deutschen Fördergesetzes mit europäischem und nationalem Recht stets bestätigt.[65] Wie im vorherigen Abschnitt erwähnt, dienen die

60 Vgl. Schlüter, Fabian (2015): Die Strategie des Ausbaus erneuerbarer Energien, S. 13.

61 Vgl. Groß (2012): Die Bedeutung des Umweltstaatsprinzips für die Nutzung Erneuerbarer Energien in Müller (2012): 20 Jahre Recht der Erneuerbaren Energien, S. 107.

62 Vgl. Schlüter, Fabian (2015): Die Strategie des Ausbaus erneuerbarer Energien, S. 13.

63 Vgl. Ohms (2014): Recht der Erneuerbaren Energien, S. 1.

64 Vgl. Schlüter, Fabian (2015): Die Strategie des Ausbaus erneuerbarer Energien, S. 14.

65 Vgl. Ekardt in Frenz; Müggenborg; Cosack; Ekardt (2015): EEG, S. 41.

Förderinstrumente erneuerbarer Energien dem Klimaschutz und der Versorgungssicherheit. Somit müssen diese als Rechtfertigungsgründe erfasst werden. Sollte sich erweisen, dass der hoheitliche Eingriff gerechtfertigt erscheint, ist darauf hinzuweisen, dass dieser auch immer der Verhältnismäßigkeitsprüfung standhalten muss.[66]

3.2.1 Europäisches Recht

Durch die Integration eines Förderinstrumentes der Erneuerbaren Energien wird u. a. die Warenverkehrsfreiheit beeinträchtigt.[67] Art. 36 AEUV rechtfertigt Beschränkungen, die aus Gründen der öffentlichen Sittlichkeit, Ordnung und Sicherheit, zum Schutze der Gesundheit und des Lebens von Menschen, Tieren oder Pflanzen, des nationalen Kulturguts von künstlerischem, geschichtlichem oder archäologischem Wert oder des gewerblichen und kommerziellen Eigentums erfolgen. Hieraus lässt sich allerdings keine Rechtfertigung für Klimaschutzmaßnahmen ableiten, da Umweltbelange nicht ausdrücklich als Ausnahmetatbestand erwähnt wurden und der Art. 36 AEUV laut dem EuGH eng auszulegen ist.[68] Allerdings führte das Urteil Cassis de Dijon vom EuGH am 07.02.1985 dazu, dass Eingriffe in die Warenverkehrsfreiheit auch durch ungeschriebene Rechtfertigungsgründe, als sogenannte zwingende vom Unionsrecht anerkannte Erfordernisse gerechtfertigt werden können.[69] In diesem Urteil wurden Umweltbelange als so ein zwingendes Erfordernis klassifiziert.[70] Somit können die EU-Mitgliedsstaaten einen Eingriff in die Warenverkehrsfreiheit oder auch gegenüber anderen Wirtschaftsgrundrechten mit Klimaschutzmaßnahmen oder der Versorgungssicherheit rechtfertigen.[71] Die Belange der Versorgungssicherheit fallen möglicherweise schon unter den Tatbestand der „öffentlichen Sicherheit" aus Art. 36 AEUV. Denn Ekardt argumentiert „die langfristige Versorgungssicherheit Europas kann nur durch eine tragfähige Erneuerbare-Energien- und Effizienzstrategie erreicht werden, die die Abhängigkeit von endlichen, zudem politisch instabilen Weltregionen stammenden Rohstoffen

66 Vgl. Groß (2012): Die Bedeutung des Umweltstaatsprinzips für die Nutzung Erneuerbarer Energien in Müller (2012): 20 Jahre Recht der Erneuerbaren Energien, S. 107.

67 Vgl. Ekardt in Frenz; Müggenborg; Cosack; Ekardt (2015): EEG, S. 41.

68 Vgl. EuGH, Urt. v. 19.12.1961 – Rs. C-7/61, 695 (720).

69 Vgl. Ekardt in Frenz; Müggenborg; Cosack; Ekardt (2015): EEG, S. 42.

70 Vgl. EuGH, Urt. 07.02.1985 – Rs. C-240/83, Slg. 1985, 531

71 Vgl. Ekardt in Frenz; Müggenborg; Cosack; Ekardt (2015): EEG, S. 42.

wie Öl, Gas, Uran, teilweise auch Kohle, sukzessive überwindet"[72]. Für diese Auslegung spricht das EuGH-Urteil vom 10.07.1984, welches Eingriffe in die Warenverkehrsfreiheit im Bereich der Energieversorgung zum Wohle der Versorgungssicherheit als Ausnahmetatbestand der öffentlichen Sicherheit zulässt.[73] Allerdings verneint der EuGH diese Rechtfertigung in einem Urteil von 2001.[74] Dem EuGH zufolge ist die Förderung von Erneuerbaren Energien schon dadurch gerechtfertigt, das dessen Nutzung zu den vorrangigen Zielen gehören, die sich die Gemeinschaft und dessen Mitgliedstaaten durch die Ratifizierung des Kyoto-Protokolls gesetzt haben.[75] Denn laut EuGH „ist zu berücksichtigen, dass die Nutzung erneuerbarer Energiequellen zur Stromerzeugung, [...], dem Umweltschutz dient, da sie zur Verringerung der Emissionen von Treibhausgasen beiträgt, die zu den Hauptursachen der Klimaänderungen zählen, zu deren Bekämpfung sich die Europäische Gemeinschaft und ihre Mitgliedstaaten verpflichtet haben."[76] Somit hat der EuGH Umweltschutzbelange als zwingendes Erfordernis anerkannt.

3.2.2 Nationales Recht

Des Weiteren könnte man auf nationaler Ebene, für die durch die Förderinstrumente Erneuerbarer Energien verursachten Grundrechtsbeeinträchtigungen, einen Rechtfertigungsgrund aus Art. 20a GG oder aus dem Sozialstaatsprinzip gem. Art. 20 Abs. 1 GG ableiten.[77] Verfolgt das Förderinstrument Klima- und Umweltschutzziele, dann lassen sich daraus ergebende Grundrechtseinschränkungen nach fast unstrittiger Auffassung aus dem Art. 20 a GG resultierenden Umweltstaatsprinzip begründen. Natürlich ist bei einem Grundrechtseingriff auch immer eine Verhältnismäßigkeitsprüfung durchzuführen.[78] Eine Rechtfertigung durch das Sozialstaatsprinzip des Art. 20 Abs. 1 GG lässt sich möglicherweise dadurch begründen, dass die Förderung erneuerbarer Energien die Kosten des Klimawandels reduzieren könnte und eine Stabilisierung der Energiepreise, aufgrund der reduzierten

[72] Ekardt in Frenz; Müggenborg; Cosack; Ekardt (2015): EEG, S. 42.

[73] Vgl. EuGH, Urt. v. 10.07.1984 – Rs. C-72/83.

[74] Vgl. EuGH, Urt. v. 25.10.2001 – Rs. C-398/98.

[75] Vgl. EuGH, Urt. v. 13.03.2001 – Rs. C-379/98.

[76] EuGH, Urt. v. 13.03.2001 – Rs. C-379/98.

[77] Ekardt in Frenz; Müggenborg; Cosack; Ekardt (2015): EEG, S. 43.

[78] Vgl. Groß (2012): Die Bedeutung des Umweltstaatsprinzips für die Nutzung Erneuerbarer Energien in Müller (2012): 20 Jahre Recht der Erneuerbaren Energien, S. 115; anders Frenz in Müggenborg, EEG, § 1 Rn. 74.

Abhängigkeit von schwindenden fossilen Brennstoffen oder Energieimporten, zur Folge hat.[79]

Zusammenfassend lässt sich sagen, dass die Einschränkungen, die einzelne Akteure durch die Fördermaßnahmen erneuerbarer Energien hinnehmen müssen, im Hinblick auf dessen klimatische Bedeutung und auch aus versorgungssichernden Aspekten, gerechtfertigt erscheinen. Im weiteren Verlauf dieser Ausarbeitung wird nun auf die Ausgestaltungsmöglichkeiten der Förderung regenerativer Energien eingegangen.

79 Vgl. Ekardt in Frenz; Müggenborg; Cosack; Ekardt (2015): EEG, S. 43.

4 Instrumente zur Förderung Erneuerbarer Energien

Unter dem Begriff „Instrumente zur Förderung Erneuerbarer Energien" kann man alle Maßnahmen zusammenfassen, die für Marktakteure einen Anreiz setzen, Investitionen in Erneuerbare Energien zu tätigen.[80] Denn man geht davon aus, dass es gesetzliche Regelungen bedarf, um im Bereich der Erneuerbaren Energien funktionierende Marktmechanismen zu generieren. Zum einen soll die Nachfrage an regenerativen Strom erhöht und zum anderen ein attraktiver Raum für Investitionen für dessen Anbieter geschaffen werden.[81] Es gibt eine Vielzahl von Möglichkeiten, wie dieser Mechanismus gesetzt wird. Man kann die Fördersysteme grundsätzlich in mengenbasierte und preisorientierte Systeme unterteilen.[82] Diese Systeme legen einen Förderungsgegenstand fest und regeln, wer verpflichtet wird die Energie abzunehmen und zu vergüten. Denkbar wären z. B. die Netzbetreiber, Energieversorgungsunternehmen oder auch Endverbraucher als Verpflichteter einzusetzen. Weitere wichtige Punkte sind, die Gewährleistung des Markt- und Netzzugangs erneuerbarer Energien sowie funktionierende Kontroll- und Sanktionsmechanismen.[83] Auch die EU hat mit ihrer Erneuerbaren Energien-Richtlinie in Art. 2 S. 1 Buchst. K den Gegenstand des Förderinstrumentes für seine Mitgliedstaaten definiert[84]: der Begriff der Förderregelung bezeichnet „ein Instrument, eine Regelung oder ein Mechanismus, das bzw. die bzw. der von einem Mitgliedstaat oder einer Gruppe von Mitgliedstaaten angewendet wird und die Nutzung von Energie aus erneuerbaren Quellen dadurch fördert, dass die Kosten der Energie gesenkt werden, ihr Verkaufspreis erhöht wird oder ihre Absatzmenge durch eine Verpflichtung zur Nutzung erneuerbarer Energie oder auf andere Weise gesteigert wird. Dazu zählen unter anderem Investitionsbeihilfen, Steuerbefreiungen oder -erleichterungen, Steuererstattungen, Förderregelungen, die zur Nutzung erneuerbarer Energiequellen verpflichten, einschließlich solcher, bei denen grüne Zertifikate verwendet werden, sowie direkte Preisstützsysteme einschließlich Einspeisetarife und Prämienzahlungen."

---

[80] Vgl. Bachberger; Körner; Reiche (2003): Erfolgsbedingungen von Instrumenten zur Förderung Erneuerbarer Energien im Strommarkt, S. 1.

[81] Vgl. Michalowska (2008): Modelle zur Förderung erneuerbarer Energieträger, S. 28.

[82] Vgl. Glenz in Schulz (2014): Handbuch Windenergie, S. 9.

[83] Vgl. Michalowska (2008): Modelle zur Förderung erneuerbarer Energieträger, S. 29 ff.

[84] Vgl. Ekardt in Frenz; Müggenborg; Cosack; Ekardt (2015): EEG, S. 20 ff..

Im Folgenden wird aus Relevanzgründen nur auf das preisgesteuerte System der Einspeisevergütung sowie auf die mengengesteuerten Systeme der Quotenregelung und der Ausschreibung eingegangen.

4.1 Preisbasierte Förderinstrumente

Entscheidet sich ein Staat für ein System, welches preisgesteuert determiniert ist, dann wird ein Preis für das jeweils geförderte Gut (z. B. kWh oder installierte Leistung) festgelegt.[85] Dieser Preis wird den Erneuerbaren Energien-Anbieter regelmäßig über einen bestimmten Zeitraum zugesagt. Normalerweise wird auch immer eine Kaufverpflichtung bzw. Abnahmeverpflichtung des Stromes des jeweiligen EVU oder Netzbetreiber in die Fördersystematik integriert.[86] Durch die Bestimmung der Förderhöhe, hat der Staat allerdings nur einen indirekten Einfluss auf das Ausmaß des Ausbaus der Erneuerbaren Energien. Inwieweit der Ausbau voranschreitet, hängt von der Gewinnspanne ab, die sich durch die Differenz zwischen Fördersätzen und Stromgestehungskosten erzielen lässt. Je größer diese Spanne, desto ein größerer Anreiz um in ein regeneratives Energie Projekt zu investieren.[87]

Ein beliebtes Fördersystem ist das Einspeisemodell, welches in rund ein Drittel der EU-Mitgliedstaaten zur Anwendung kommt.[88] Elementar für diesen Fördermechanismus ist zum einem die Abnahmepflicht des erneuerbaren Stromes durch den Netzbetreiber oder das zuständige Energieversorgungsunternehmen und zum anderen die Vergütungspflicht für diesen Strom.[89] Die feste Vergütung erfolgt entweder in Form einer Prämie auf den normalen Strompreis oder durch einen festgesetzten Preis in Abhängigkeit von Standort oder Technologie, über einen gewissen Zeitraum (in Deutschland z. B. 20 Jahre).[90] Sollte eine Stromabnahmepflicht nicht bestehen, würde der Netzbetreiber den Strom aus erneuerbaren Energien höchstwahrscheinlich nicht abnehmen, da die zugesicherte Einspeisevergütung den

---

85 Vgl. Steffens in Säcker (2014): Energierecht Band 2, S. 106.

86 Vgl. Oschmann in Danner; Theobald: Energierecht, IV EEG, S. 45.

87 Vgl. Schulz (2014): Handbuch Windenergie, S. 9

88 Ekhardt in Frenz; Müggenborg; Cosack; Ekardt (2015): EEG, S. 21.

89 Vgl. Bechberger; Körner; Reiche (2003): Erfolgsbedingungen von Instrumenten zur Förderung Erneuerbarer Energien im Strommarkt, S. 3.

90 Ekhardt in Frenz; Müggenborg; Cosack; Ekardt (2015): EEG, S. 21 u. Handbuch Windenergie, Thomas Schulz, S. 10.

Strompreis an der Strombörse übersteigt. Demnach trägt der Anlagenbetreiber auch nicht das sonst typische Preisrisiko.[91] Für die Einführung eines Einspeisevergütungssystems sprechen einige Vorteile, allerdings auch einige Nachteile.

Aus betriebswirtschaftlicher Sicht senkt eine feste Einspeisevergütung die Fremdfinanzierungskosten, da der Anlagenbetreiber eine gut kalkulierbare Einnahmequelle hat. Aus volkswirtschaftlicher Sicht kann dieses System negative Auswirkungen haben. Denn bei einem hohen Stromangebot, gepaart mit einer niedrigen Stromnachfrage, können daraus negative Börsenpreise resultieren. Das bedeutet, dass der Verkäufer dem Erwerber Geld zahlen muss, damit dieser den Strom abnimmt. Zu solchen Zeiten wäre es sinnvoll, keinen Strom mehr ins Netz einzuspeisen. Da der Anlagenbetreiber aber für jede kWh eine fest zugesicherte Vergütung erhält, hat dieser keinen Anreiz weniger Strom ins Netz einzuspeisen. Somit entstehen hohe Förderkosten für Strommengen aus erneuerbaren Energien, welche zu diesem Zeitpunkt gar nicht benötigt werden.[92] Als weiterer negativer Punkt zu nennen wäre die langfristig angelegte Vergütung. Denn durch die fest zugesicherten Vergütungssätze besteht zwischen den Anlagenbetreibern aus Erneuerbaren Energien kein Wettbewerb und es besteht kein Anreiz die Erzeugungskosten zu senken.[93] Ein Vorteil wäre, dass sich durch eine technologiedifferenzierte Gestaltung des Festpreissystems für alle Erneuerbare Energien-Technologien gleiche Entwicklungschancen konstruieren lassen. Im Hinblick auf die ausgebauten Kapazitäten von erneuerbaren Energien, hat sich dieses Instrument in den letzten Jahren als sehr effektiv ausgewiesen. Allerdings lässt sich der Ausbaupfad nicht genau steuern.[94]

4.2 Mengenbasierte Förderinstrumente

Bei Systemen der Mengensteuerung setzt der Staat den Anreiz zum erneuerbaren Energien Ausbau nicht über den Preis, sondern versucht dies über eine Mengensteuerung zu regeln. Das bedeutet, der Ausbau wird dadurch erreicht, dass bestimmte Erneuerbare Energie-Kapazitäten vorgegeben sind. Der Preis wurde somit

---

91 Vgl. Schulz (2014): Handbuch Windenergie, S. 10

92 Vgl. Schulz (2014): Handbuch Windenergie, S. 10

93 Vgl. Bechberger; Körner; Reiche (2003): Erfolgsbedingungen von Instrumenten zur Förderung Erneuerbarer Energien im Strommarkt, S. 4.

94 Vgl. Bechberger; Körner; Reiche (2003): Erfolgsbedingungen von Instrumenten zur Förderung Erneuerbarer Energien im Strommarkt, S. 5.

nicht vorher festgelegt, sondern entsteht durch Angebot und Nachfrage.[95] Entweder gibt der Staat eine gewisse Quote vor, zu welcher die Letztverbraucher mit erneuerbaren Energien beliefert werden müssen oder er bestimmt den Ausbaukorridor über Ausschreibungen.[96] Durch die Mengenzielvorgaben lassen sich Ausbauziele sehr genau erreichen. Auf die Höhe der Vergütung hat der Staat keinen direkten Einfluss.[97]

4.2.1 Quotenmodell

Signifikant für ein Quotenmodell ist, dass entweder Energieversorgungsunternehmen oder Letztverbraucher einen gewissen Anteil an ihrem Strombezug durch Erneuerbare Energien abdecken müssen.[98] Je nach gewünschtem Ausbaupfad kann der Staat die Höhe der Quote pro Jahr festlegen. Die zu der Quote Verpflichteten erhalten in der Regel Zertifikate von den Anlagenbetreibern für den regenerativen Strombezug, um die Erfüllung ihres Pflichtanteils nachzuweisen. Die Anlagenbetreiber erhalten die Zertifikate vom Staat entsprechend ihrer erzeugten Strommenge.[99] Werden die vorgegebenen Quoten nicht erfüllt, sind in der Regel Strafzahlungen fällig.[100] Ein Vorteil dieses Förderungsinstrumentes ist darin zu sehen, dass Ausbauziele durch die Verpflichtung zu einer gewissen Abnahmequote genau erreicht werden können.[101] Im Vergleich zur festen Einspeisevergütung tragen die Anlagenbetreiber das Preisrisiko am Markt, da sich die Preise nach Angebot und Nachfrage richten. Durch daraus resultierende Risikoaufschläge sind die Fremdfinanzierungskosten in diesem System höher als z. B. bei der festen Einspeisevergütung, welches sich auch auf die Höhe der Förderkosten negativ auswirken kann. Denn die Kosten der Zertifikate werden die EVUs mit in ihre Strompreiskalkulation einbeziehen, welches eine Preiserhöhung zur Folge hat. Da hier aber keine gesonderte Umlage wie z. B. bei der Einspeisevergütung von den Verbrauchern gezahlt

---

95 Vgl. Steffens in Säcker (2014): Energierecht Band 2, S. 106.

96 Vgl. Michalowska (2008): Modelle zur Förderung erneuerbarer Energieträger, S. 56.

97 Vgl. Handbuch Windenergie, Thomas Schulz, S. 13

98 Vgl. Lenz; Pfaffenberger: Stromhandel mit erneuerbaren Energieträgern mit einem Quotenmodell, S. 6.

99 Vgl. Schulz (2014): Handbuch Windenergie, S. 14

100 Vgl. Ekardt in Frenz; Müggenborg; Cosack; Ekardt (2015): EEG, S. 21 u. Handbuch Windenergie, Thomas Schulz, S. 22.

101 Vgl. Steffens in Säcker (2014): Energierecht, S. 106.

werden muss, sind diese Mehrkosten weniger sichtbar.[102] Hauptsächlich werden Quotenmodelle technologieneutral ausgestaltet, da sich so die günstige Technologie herauskristallisieren kann und somit auch effiziente Standortwahlen berücksichtigt werden. Da der Zertifikatspreis sich nach dem Anbieter mit den höchsten Kosten bestimmt, besteht die Gefahr einer Überförderung. Denn Anbieter mit niedrigeren Kosten können entsprechende Renten generieren.[103]

4.2.2 Ausschreibungsmodelle

Ein weiteres mengengesteuertes System ist das Ausschreibungsmodell. Hier schreibt der Staat die Menge des zu fördernden Gutes aus, welche dem gesetzten Ausbaupfad entspricht.[104] Die potentiellen Anlagenbetreiber können ein Gebot auf die ausgeschriebenen Erzeugungskapazitäten (elektrische Arbeit oder installierte Leistung) abgeben. Durch vorher festgesetzte Kriterien werden die Förderberechtigten ermittelt. Derjenige Anlagenbetreiber, der die Kriterien am bestmöglichsten erfüllt, erhält den Zuschlag. Das wichtigste Kriterium ist weitestgehend der Preis, um so die Förderhöhe kosteneffizient zu bestimmen. Als weitere Kriterien wären technische Anforderungen, Umweltschutzaspekte oder auch Schaffung von Arbeitsplätzen denkbar. [105] Durch die begrenzten Kapazitätskontingente der einzelnen Ausschreibungsrunden stehen die erneuerbare Energieproduzenten, im Gegensatz zum Einspeisemodell, im gegenseitigen Wettbewerb. Ziel ist es, so die Preise für Erneuerbare Energie zu senken.[106] Ein Vorteil ist, dass durch den bestehenden Wettbewerb die kostengünstigste Technologie ausgebaut wird und somit Über- oder Unterförderungen vermieden werden.[107] Auch wird die mögliche Flexibilität des Modells als Vorteil gewertet. So ist es möglich die Förderbedingungen, wie Förderdauer oder Ausbaupfad, in jeder Ausschreibungsrunde neu zu bestimmen. Allerdings stehen mit diesem System auch einige Nachteile in Verbindung. So

---

[102] Vgl. Schulz (2014): Handbuch der Windenergie, S. 15

[103] Vgl. Schulz (2014): Handbuch für Windenergie, S. 14 ff.

[104] Vgl. Vgl. Steffens in Säcker (2014): Energierecht, S. 106.

[105] Vgl. Schulz (2014): Handbuch Windenergie, S. 15 ff.

[106] Vgl. Bechberger; Körner; Reiche (2003): Erfolgsbedingungen von Instrumenten zur Förderung Erneuerbarer Energien im Strommarkt, S. 8.

[107] Vgl. Schulz (2014): Handbuch Windenergie, S. 17.

könnte sich z. B. die, im Vergleich zum Einspeisemodell, geringere Planungssicherheit negativ auf die Investitionsbereitschaft der Anlagenbetreiber auswirken, da diese nicht sicher sein können, ob sie den Zuschlag für ihr Projekt erhalten.[108]

108 Vgl. Espey (2001): Internationaler Vergleich energiepolitischer Instrumente zur Förderung von regenerativen Energien in ausgewählten Industrieländern, S. 52 ff.

5 Erfolgskriterien und Zieldimensionen von Förderinstrumenten

Damit Förderinstrumente erfolgreich sind, müssen diese bestimmte Bedingungen erfüllen.[109] Zum einen gibt es allgemeine Bedingungen, die eine erfolgreiche Implementierung des Förderinstrumentes begünstigen. So hat sich das Einspeisevergütungsmodell in Deutschland als sehr erfolgreich herauskristallisiert, in anderen Ländern wie z. B. Italien war der Erfolg geringer.[110] Zum anderen gibt es natürlich instrumentenspezifische Erfolgskriterien. Damit man den Erfolg eines bestimmten Förderinstrumentes überhaupt quantifizierbar machen kann, muss man sich zunächst im Klaren über die Ziele sein, die mit diesem Instrument verfolgt werden sollen. Um eine ausgewogene Energiepolitik zu betreiben, sollte ein Staat eine preisgünstige, verbraucherfreundliche, umweltfreundliche und sichere Energieversorgung konstruieren.[111] Verfolgt man diese Ziele, könnte man von einer erfolgreichen Instrumentenimplementierung sprechen, wenn durch den Ausbau erneuerbarer Energien, der CO2-Auststoß vermindert sowie die Versorgungssicherheit nachhaltig gestärkt wird, indem man sich auf ressourcenschonende Energiequellen konzentriert, die gleichzeitig die Abhängigkeit von Energieimporten verringert und langfristig eine Versorgung zu stabilen Preisen garantiert. Weitere Zielvorstellungen könnten positive Beschäftigungseffekte sein.[112] Als eines der wichtigsten Ziele von Förderung Erneuerbarer Energien ist allerdings die Verminderung von negativen Umwelteinwirkungen durch konventionelle Energieressourcen zu nennen.[113] Bei der Überprüfung der Ziele sollte auf die Effektivität und auf die Effizienz abgestellt werden. Effektiv ist ein Fördermechanismus, wenn eine Verbesserung gegenüber dem Ausgangszustand feststellbar ist. Die Fördermaßnahmen stellen, je nach Regelungstatbestand, eine finanzielle Belastung des Staates, der Verbraucher oder der Unternehmen dar. Somit sollte die Maßnahme auch möglichst effizient

---

[109] Vgl. Espey (2001): Internationaler Vergleich energiepolitischer Instrumente zur Förderung von regenerativen Energien in ausgewählten Industrieländern, S. 74 ff.

[110] Vgl. Reiche, Daniel (2004): Rahmenbedingungen für Erneuerbare Energien in Deutschland, S. 201.

[111] Vgl. BMWi (2012): Erster Monitoring-Bericht Energie der Zukunft, https://www.bmwi.de/Redaktion/DE/Publikationen/Energie/erster-monitoring-bericht-energie-der-zukunft.pdf?__blob=publicatio nFile&v=7, S. 11, zuletzt abgerufen am 27.04.2017.

[112] Vgl. Espey (2001): Internationaler Vergleich energiepolitischer Instrumente zur Förderung von regenerativen Energien in ausgewählten Industrieländern, S. 75.

[113] Vgl. Espey (2001): Internationaler Vergleich energiepolitischer Instrumente zur Förderung von regenerativen Energien in ausgewählten Industrieländern, S.269.

sein, also ein möglichst gutes Kosten-Nutzen-Verhältnis aufweisen. Auch sollten die entstehenden Lasten, wie z. B. Grundrechtseingriffe, und der Nutzen zu einer möglichst gerechten Aufteilung in der bestehenden und zukünftigen Gesellschaft kommen.[114] Im Folgenden sollen nun die allgemeinen und spezifischen Erfolgskriterien näher beleuchtet werden.

5.1 Allgemeine Erfolgskriterien

Sind einige grundsätzliche Ausgestaltungskriterien nicht gegeben, dann kann ein sonst effektives Förderinstrument erneuerbarer Energien nicht seine volle Wirkung entfalten und sogar eine Zielerreichung verhindern.[115] Ein wichtiger Punkt für den Erfolg einer Förderung, ist die langfristige Planungs- und Investitionssicherheit der Anlagenbetreiber. Denn können die Betreiber sich nicht auf die zugesagten Förderbedingungen verlassen, dann wird es viele davon abhalten, aufgrund der fehlenden Rechtssicherheit, in erneuerbare Energien zu investieren.[116] Sollte z. B. eine Garantie bestehen, dass der produzierte Strom abgenommen wird, stellt dies eine hohe Planungssicherheit für die Anlagenbetreiber dar. Auch eine technologiedifferenzierte Vergütung trägt zur Zielerreichung des Förderinstrumentes bei. So können unterschiedlich hohe Stromgestehungskosten der einzelnen regenerativen Technologien berücksichtigt und ein breiter Technologiemix integriert werden. Durch eine differenzierte Förderung lassen sich Mitnahmeeffekte verhindern. Mitnahmeeffekte entstehen, wenn Technologien oder Standorte gefördert werden, die kostendeckend betrieben werden können. Diese Anlagen würden sich ohne technologiedifferenzierte Vergütungen am Markt durchsetzen und die anderen verdrängen. Die eingesetzten Fördermittel kommen so nicht zu einer effizienten Verteilung.[117] Weiterhin sollten Förderinstrumente rechts- und wettbewerbskonform und institutionell beherrschbar sein. Denn sollte die Maßnahme politisch

114 Vgl. Jänicke (1996) Erfolgsbedingungen von Umweltpolitik in Jänicke, Umweltpolitik der Industrieländer, S. 9 ff.

115 Vgl. Espey (2001): Internationaler Vergleich energiepolitischer Instrumente zur Förderung von regenerativen Energien in ausgewählten Industrieländern, S.76.

116 Vgl. Reichel (2003): Rahmenbedingungen für erneuerbare Energien in Deutschland, S. 202.

117 Vgl. Bechberger; Körner; Reiche (2003): Erfolgsbedingungen von Instrumenten zur Förderung Erneuerbarer Energien im Strommarkt, S. 29.

nicht durchsetzbar sein, kann dies negative Einflüsse auf den Erfolg des Förderinstrumentes haben.[118]

5.2 Instrumentenspezifische Erfolgskriterien

Damit die spezifischen Instrumente zielführend sind, müssen diese richtig ausgestaltet sein. Denn ob ein Förderprogramm erfolgreich ist, hängt von vielen Detailregelungen ab.[119] Im Folgenden wird auf die spezifischen Bedingungen der Einspeise-, Quoten- und Ausschreibungsmodelle eingegangen.

5.2.1 Einspeisetarif

Durch die für dieses Modell typische Abnahmegarantie des regenerativen Stroms und die feste Vergütung sowie eine gesetzliche Zahlungsverpflichtung der Netzbetreiber, die über mehrere Jahre zugesagt wird, ergibt sich die Erfolgsbedingung der hohen Investitionssicherheit. Durch eine regelmäßige Überprüfung der Vergütungsregeln und deren Anpassung für Neuanlagen, kann dieser positive Effekt verstärkt werden, da Erkenntnisse oder veränderte Rahmenbedingungen für die neuen Regelungen berücksichtigt werden können. Beispielhaft wäre die durch den Erfahrungsbericht zum deutschen EEG zurückgenommene Deckelung auf 350 MW in der Photovoltaikförderung. Hier wurde die Fördergrenze früher erreicht als angenommen, was Projektierer zunehmend verunsichert hat. Die Deckelungsgrenze wurde aufgrund des Erfahrungsberichtes auf 1000 MW Gesamtkapazität angehoben.[120] Die Finanzierung von Einspeisevergütungsmodellen erfolgt oftmals durch Umlagen auf den Strompreis. Hier ist vor allem darauf zu achten, dass diese Wettbewerbskonform und mit den europäischen Beihilferegelungen vereinbar sind. Aus Akzeptanzgründen, aber auch in Hinblick auf die Wahrung des Gleichheitsgrundsatzes sollte darauf geachtet werden, die anfallenden Kosten gerecht, in gesellschaftlicher wie auch in geografischer Hinsicht, zu verteilen. Vor der Einführung des EEG und dem darin enthaltenen Umwälzungsmechanismus haben sich mehrere Energieversorger, aufgrund der ungleichen Belastungen einzelner EVU, auf

---

118 Vgl. Espey (2001): Internationaler Vergleich energiepolitischer Instrumente zur Förderung von regenerativen Energien in ausgewählten Industrieländern, S.91.

119 Vgl. Bechberger; Körner; Reiche (2003): Erfolgsbedingungen von Instrumenten zur Förderung Erneuerbarer Energieträger im Strommarkt, S. 31.

120 Vgl. Bechberger; Körner; Reiche (2003): Erfolgsbedingungen von Instrumenten zur Förderung Erneuerbarer Energieträger im Strommarkt, S. 32.

diesen Gleichheitsgrundsatz vor Gericht berufen. Ein weiterer Vorteil einer Umlagenfinanzierung ist die Unabhängigkeit von staatlicher Haushaltsplanung. So ist die Finanzierung auch bei einem geringeren Staatsbudget gewährleistet.[121]

5.2.2 Quotenmodelle

Da sich der Preis für Strom aus erneuerbaren Energien in Quotenmodellen durch Angebot und Nachfrage konzipiert und dementsprechend auch keine Abnahmegarantie für diesen Strom besteht, ist dies mit Unsicherheiten für die Investoren verbunden. Damit sich die Planungssicherheit für Projektierer erhöht und der Ausbau von Erneuerbaren Energien voranschreitet, sollte man den Planungshorizont der Zielquoten langfristig anlegen. So ist es für die zur Quotenerfüllung Verpflichteten sinnvoll, mit den Projektieren langfristige Stromabnahmeverträge (zwischen 10 bis 25 Jahre) zu schließen, was auf deren Seite die Planungsungewissheit minimiert.[122] Auch wäre es denkbar Mindestpreise oder Preisober- und Untergrenzen, wie es in Dänemark der Fall ist, für die Erneuerbaren Energiezertifikate zu bestimmen.[123] Damit die staatlich bestimmte Zielquote auch eingehalten wird, sollten deutlich über den Zertifikatspreis liegende Pönalen für das Nicht-Erreichen der Quotenverpflichtung eingeführt werden. Sonst könnte die Förderregelung dadurch unterlaufen werden, dass die Verpflichteten es vorziehen, die Pönalen zu zahlen und nicht einen gewissen Anteil ihres Strombezuges durch regenerative Energien abdecken.[124]

5.2.3 Ausschreibungen

Ein häufiges Problem bei Ausschreibungsmodellen ist die Differenz zwischen den Projektzuschlägen und den tatsächlich realisierten Projekten. Grund hierfür sind oftmals Preisgebote, mit denen im Nachhinein das Projekt nicht durchgeführt werden kann, da diese zu optimistisch gesetzt wurden. Dementsprechend sollten Ausschreibungsmodelle so ausgestaltet sein, dass genügend hohe Strafzahlungen bei

---

121 Vgl. Bräuer (2002): Ordnungspolitischer Vergleich von Instrumenten zur Förderung von Strom aus erneuerbaren Energien im deutschen Stromsektor in ZfU 1/2002, S. 61 - 103.

122 Vgl. Langniß (2001): die Quotenregelung in Texas in Energierechtliche Tagesfragen 12/01, S. 802 - 805.

123 Vgl. Bechberger; Körner; Reiche (2003): Erfolgsbedingungen von Instrumenten zur Förderung Erneuerbarer Energieträger im Strommarkt, S. 34.

124 Vgl. Bechberger; Körner; Reiche (2003): Erfolgsbedingungen von Instrumenten zur Förderung Erneuerbarer Energieträger im Strommarkt, S. 34.

einem nicht realisierten Projekt zu zahlen sind. Eine weitere Überlegung zur Erfolgssteigerung wäre es, wenn nach einer gewissen Zeit der nicht Realisierung des Projektes, der Zuschlag auf den nächsten Anbieter übertragen wird, der vorher in der Ausschreibungsrunde nicht berücksichtigt wurde.[125]

Nachdem die theoretischen Grundlagen erläutert wurden, wird sich in den nächsten Kapiteln der Vergleich der drei Fördermodelle anschließen. Zuerst wird die Förderstruktur des EEG 2014 erläutert und dann mit dem EEG 2017 verglichen. Anschließend wird den beiden Fördermodellen das schwedische Quotenmodell gegenübergestellt.

---

125 Vgl. Bechberger; Körner; Reiche (2003): Erfolgsbedingungen von Instrumenten zur Förderung Erneuerbarer Energieträger im Strommarkt, S. 35.

6 EEG 2014 – Festpreissystem

Das EEG 2014 basiert auf einem Festpreissystem, welches den Anlagenbetreibern eine Vergütung für jede eingespeiste kWh aus erneuerbaren Energien garantiert. Ergänzend hierzu werden, durch das EEG 2014, die regenerativen Erzeugungsanlagen vorrangig und verpflichtend an das Versorgungsnetz angeschlossen und unterliegen einer Abnahmegarantie. Es besteht aus insgesamt 104 Paragrafen und ist am 01.08.2014 in Kraft getreten.[126]

6.1 Gesetzeszweck und Ziele des EEG 2014

Der Gesetzeszweck, die Ziele sowie konkrete Ausbauziele des EEG 2014 werden in § 1 des Gesetzes formuliert. Hierbei handelt es sich um eine Konkretisierung der Staatszielbestimmung des Umweltschutzes des Art. 20a GG im Bereich der Elektrizitätsversorgung und rechtfertigt die durch das EEG eintretenden Grundrechtseingriffe.[127] Durch die formulierten Ausbauziele soll für die Anlagenbetreiber eine gewisse Planungssicherheit geschaffen werden. Indem der Gesetzeszweck vorangestellt wird, wird auf die Bedeutung der Förderung Erneuerbarer Energien hingewiesen.[128]

Gem. § 1 Abs. 1 EEG ist der Gesetzeszweck, insbesondere im Interesse des Klima- und Umweltschutzes eine nachhaltige Entwicklung der Energieversorgung zu ermöglichen, die volkswirtschaftlichen Kosten der Energieversorgung auch durch die Einbeziehung langfristiger externer Effekte zu verringern, fossile Energieressourcen zu schonen und die Weiterentwicklung von Technologien zur Erzeugung von Strom aus erneuerbaren Energien zu fördern. Der Gesetzgeber sieht die Ziele des EEG nicht als gleichrangig an, sondern betrachtet diese in einem Stufenverhältnis zueinander. Der übergeordnete Zweck dient dem Klima- und Umweltschutz. Voraussetzung hierfür ist eine nachhaltige Energieversorgung, welche sich durch eine Verringerung der Kosten und Einbeziehung externer Effekte der konventionellen

126 Vgl. Vollprecht; Clausen (2014): Auf dem Weg zum EEG 2014 – ein Werkstattbericht in EnWZ, S. 1, beck-online.

127 Vgl. Oschmann in Danner; Theobald; Schmann (2016): EEG 2014 § 1 Rn 7, beck-online.

128 Vgl. Oschmann; Müller (2004): Neues Recht für Erneuerbare Energien – Grundzüge der EEG Novelle in ZNER.

Energieträger sowie die Schonung fossiler Ressourcen verwirklichen lässt. Allerdings ist dies nur durch die Erhöhung des regenerativen Energien Anteils und dessen technologische Weiterentwicklung zu erreichen.[129]

In Abs. 2 dieser Norm werden durch Rückbezug auf Abs. 1 für dessen Zielerreichung Ausbauziele und Ausbaukorridore festgelegt: Das EEG verfolgt das Ziel, den Anteil des aus erneuerbaren Energien erzeugten Stroms am Bruttostromverbrauch stetig und kosteneffizient auf mindestens 80 Prozent bis zum Jahr 2050 zu erhöhen. Hierzu soll dieser Anteil betragen: 40 bis 45 Prozent bis zum Jahr 2025 und 55 bis 60 Prozent bis zum Jahr 2035. Im dritten Absatz des EEG 2014 dient das Ziel nach Absatz 2 Satz 2 Nummer 1 auch dazu, den Anteil erneuerbarer Energien am gesamten Bruttoendenergieverbrauch bis zum Jahr 2020 auf mindestens 18 Prozent zu erhöhen. Die Ausbauziele sind nicht verbindlich formuliert und sind laut Gesetzesbegründung auch nicht einklagbar.[130] Der übergeordnete Zweck des Klima- und Umweltschutzes wird durch das Ziel bis zum Jahr 2050 einen Mindestanteil erneuerbarer Energien von 80 % am Bruttostromverbrauch zu erreichen, konkretisiert. Dementsprechend ist das EEG so anzuwenden und auszulegen, dass dieses Mindestziel bis 2050 erreicht wird. Durch die stetige und kosteneffiziente Erhöhung des Anteils regenerativer Energien soll dieses Ziel erreicht werden. Bei den Zwischenzielen der Jahre 2025 und 2035 handelt es sich ebenfalls um nicht verbindliche Ziele. Diese Sollwerte sind allerdings notwendig, um den Mindestanteil von 80 % im Jahre 2050 zu erreichen. Dementsprechend ist das EEG dahingehend zu interpretieren, dass diese Zwischenziele realisiert werden können. Solange die Kosteneffizienz eingehalten wird, ist eine Überschreitung dieser Zwischenziele im Sinne des EEG.[131] In § 1 Abs. 3 EEG 2014 wird in Bezug auf den erneuerbaren Energien Anteil, nicht nur auf den Bruttostromverbrauch abgestellt, sondern auf den Bruttoendenergieverbrauch. Durch diese Regelung wird die EnergieeffizienzRL 2009/28/EG umgesetzt und ist somit auch als verbindliches Zwischenziel zu interpretieren.[132] In § 3 EEG 2014 werden durch Ausbaupfade in den

[129] Vgl. BT-Drs. 16/8148, S. 36 und Oschmann in Danner; Theobald; Schmann (2016): EEG 2014 § 1 Rn 10, beck-online.

[130] Vgl. BT-Drs. 16/8148, S. 37.

[131] Vgl. Frenz in Frenz; Müggenborg; Cosack; Ekardt (2015): EEG, S. 175.

[132] Vgl. Frenz in Frenz; Müggenborg; Cosack; Ekardt (2015): EEG, S. 175 ff..

einzelnen Technologien, die Mittel zur Zielerreichung genannt. Solange keine besonderen Umstände es erfordern, sind diese Vorgaben zu verfolgen.[133] So sollen gem. § 3 Abs. 1 bis 4 EEG 2014 die Ziele nach § 1 Abs. 2 S. 2 erreicht werden, indem die installierte Leistung für Windenergieanlagen an Land um 2500 Megawatt pro Jahr, für Windenergieanlagen auf See bis zum Jahr 2020 auf 6500 Megawatt und auf 15000 Megawatt bis zum Jahr 2030, für Anlagen zur Erzeugung von Strom aus solarer Strahlungsenergie um 2500 Megawatt pro Jahr und für Strom aus Biomasse um bis zu 100 Megawatt pro Jahr gesteigert werden.[134] Der Ausbaupfad für Windonshore bezieht sich auf Netto-Werte und der im Photovoltaikbereich auf Brutto-Werte. Für Photovoltaik bedeutet das, dass bei der Zubaumenge nicht auf im gleichen Jahr stillgelegte oder zurückgebaute Anlagen Rücksicht genommen wird. Im Wind-onshore-Bereich werden diese Effekte allerdings berücksichtigt. Diese Ausbaupfade wurden vor allem aus kosteneffizienten Gründen so gewählt, da ein kostengünstiger Ausbau verfolgt werden soll. Zu diesen Technologien gehören Windenergie an Land und Photovoltaik.[135]

6.2 Grundsätze und Steuerungsinstrumente des EEG 2014

Die Ziele des EEG sollen auch weitestgehend durch die in § 2 EEG 2014 festgeschriebene Grundsätze erreicht werden. Hierzu zählen die Verbesserung der Markt- und Netzintegration der regenerativen Energien, eine verpflichtende Direktvermarktung des Stromes sowie die Konzentration auf kostengünstige Technologien. Weiterhin soll es zu einer angemessenen Kostenverteilung der Förderung, unter Einbeziehung des Verursacherprinzips, kommen und einer zukünftigen Förderung Erneuerbarer Energien durch ein Ausschreibungsverfahren.[136] Das Hauptsteuerungsinstrument liegt in den festen finanziellen Vergütungssätzen der Energie, durch Einspeisevergütung oder dem Prämienmodell, da die gut planbaren Einnahmen den Projektierern einen Anreiz zu Investitionen bieten.[137] Die finanzielle Vergütung soll den Anlagenbetreibern bei rationaler Betriebsführung einen

133 Vgl. BT-Drs. 18/1304, S. 111

134 Vgl. Frenz in Frenz; Müggenborg; Cosack; Ekardt (2015): EEG, S. 199.

135 Vgl. Rößler; Weißenborn in Stuhlmacher; Stappert; Schon; Janssen (2015): Grundriss zum Energierecht, S. 879.

136 Vgl. Rößler; Weißenborn in Stuhlmacher; Stappert; Schon; Janssen (2015): Grundriss zum Energierecht, S. 878 ff..

137 Vgl. Scheffler (2014): Die gesetzliche Basis und Förderinstrumente der Energiewende, S. 6.

wirtschaftlichen Betrieb der Anlagen zusichern.[138] Ergänzend hierzu ist die sich aus § 11 Abs. 1 EEG 2014 ergebene Abnahmepflicht der Erneuerbaren Energien zu nennen, welche die physikalische Stromabnahme sichert. Eine Änderung zu den letzten Fassungen des EEG besteht darin, dass das EEG 2014 zur Ermittlung der Vergütungshöhe eine Direktvermarktungspflicht der Anlagenbetreiber als Regelfall vorsieht. Eine Förderung durch die feste Einspeisevergütung ist nur noch in Ausnahmefällen, wie z. B. für Bestandsanlagen oder kleiner Anlagen möglich. Diese Änderung dient einer verbesserten Marktintegration und soll diese beschleunigen.[139] Im Bereich der Photovoltaik-Freiflächenanlagen werden die Fördersätze zu Testzwecken erstmals durch Ausschreibungen ermittelt.[140]

6.3 Anwendungsbereich, Förderungsgegenstand und Verpflichteter

Gem. § 4 EEG 2014 fördert das Gesetz auf örtlicher Ebene nur Anlagen, die im deutschen Bundesgebiet, einschließlich der deutschen ausschließlichen Wirtschaftszone, errichtet werden. Somit handelt es sich um eine nationale Förderstruktur.[141] Allerdings hat die Bundesregierung die Möglichkeit, gem. § 88 Abs. 2 EEG 2014 auf Grundlage einer Verordnungsermächtigung zur Öffnung der Pilotausschreibung den räumlichen Anwendungsbereich auf ausländische Photovoltaik-Freiflächenanlagen ausweiten.[142] Der zeitliche Anwendungsbereich erstreckt sich grundsätzlich nicht nur auf Neuanlagen, sondern auch auf die Bestandsanlagen. Allerdings sind in den §§ 100 ff. Ausnahmeregelungen von dem allgemeinen Anwendungsvorrang des EEG 2014 geregelt, um dem Bestands- und Vertrauensschutz gerecht zu werden. Hierbei wird unterschieden in Bestandsanlagen, die zwischen dem 01.01.2012 und 31.07.2014 in Betrieb genommen wurden und welche vor dem 01.12.2012. Durch diese Übergangsbestimmungen konnte gewährleistet werden, dass die oftmals günstigeren Regelungen für Bestandsanlagen weiterhin Anwendung finden. Beispielhaft wären hier die Vergütungshöhe sowie die freiwillige Direktvermarktung zu nennen. Sollten Anlagenbetreiber ihren Strom freiwillig vermarkten, richten sich die Regelungen allerdings nach dem EEG 2014.[143] Das EEG

[138] Vgl. Ekardt; Hennig in Frenz; Müggenborg; Cosack; Ekardt (2015): EEG, S. 568.

[139] Vgl. Scheffler (2014): Die gesetzliche Basis und Förderinstrumente der Energiewende, S. 6.

[140] Vgl. Ekardt; Valentin (2015): Das neue Energierecht, S. 81.

[141] Vgl. Ekardt; Valentin (2015): Das neue Energierecht, S. 39.

[142] Vgl. Danner; Theobald; Oschmann (2015): EEG 2014 § 4 Rn. 1.

[143] Vgl. Ekardt; Valentin (2015): Das neue Energierecht, S. 39.

fördert Anlagen zur Nutzung von solarer Strahlungsenergie, Windenergie, Biomasse, Wasserkraft, Deponiegas, Klär- und Grubengas und Geothermie.[144] Verpflichteter ist gem. § 8 Abs. 1 sowie § 11 Abs. 1 EEG 2014 der zuständige Netzbetreiber, welcher dazu verpflichtet ist die Anlagen aus Erneuerbarer Energien unverzüglich und vorrangig an das Netz anzuschließen sowie den Strom unverzüglich vorrangig physikalisch abzunehmen und zu verteilen. Eine Ausnahme stellt hier § 14 EEG 2014 dar, welcher das Einspeisemanagement regelt.[145] Des Weiteren besteht gegen den Netzbetreiber aus § 19 EEG 2014 ein Förderanspruch zur Zahlung der Marktprämie oder der Einspeisevergütung. Dieser wird aber durch bundesweiten Ausgleichsmechanismus auf die Stromverbraucher umverteilt.[146]

6.4 Gesetzliches Schuldverhältnis

Gem. § 7 EEG 2014 dürfen Netzbetreiber die Erfüllung ihrer Verpflichtungen aus diesem Gesetz nicht vom Abschluss eines Vertrages abhängig machen. Diese Norm dient dem Schutz der Anlagenbetreiber und soll sicherstellen, dass diese ihre Rechte aus dem EEG, wie den zugesicherten Netzanschluss, den Förderanspruch und Abnahmevorrang durchsetzen können. Durch die Monopolstellung der Netzbetreiber, verfügen diese über eine hohe Verhandlungsmacht gegenüber den Anlagenbetreibern. Denn diese können aufgrund der monopolistischen Netzgebiete auf kein anderes Energienetz ausweichen. Da auch die Übertragungsnetzbetreiber gegenüber den Verteilnetzbetreibern eine ähnliche Verhandlungsmacht besitzen, sind diese genauso diesem Kontrahierungszwang unterworfen und haben den Strom aus erneuerbarer Energien von den Verteilnetzbetreibern abzunehmen. In Zeiten des StrEG kam es zu vereinzelten Vorfällen, in denen Netzbetreiber Anlagen aus regenerativen Energien zu unzumutbaren Bedingungen an das Netz angeschlossen haben.[147] Auch war in der Vergangenheit unklar, ob der Kontrahierungszwang des EEG als gesetzliches Schuldverhältnis oder nur als Anspruch auf Abschluss eines Stromeinspeisevertrages zu klassifizieren war.[148] Mit dieser Regelung

---

144 Vgl. Scheffler (2014): Die gesetzliche Basis und Förderinstrumente der Energiewende, S. 6.

145 Rößler; Weißenborn in Stuhlmacher; Stappert; Schon; Janssen (2015): Grundriss zum Energierecht, S. 880 - 882.

146 Vgl. Kapitel 8.8.

147 Vgl. Oschmann in Danner; Theobald (2016): EEG 2014, online Kommentar, § 7 Rn. 7 ff., beck online.

148 Vgl. Salje (2012): EEG 2012, S. 284 - 285.

wollte der Gesetzgeber Rechtssicherheit schaffen und Klarheit darüber geben, dass ein Vertragsabschluss für den Anschluss der Anlage, für die Abnahme und die Vergütung des Stromes nicht notwendig ist. Aus dem in § 7 EEG 2014 gesetzlichen Schuldverhältnis entsteht ein unmittelbares Recht der Anlagenbetreiber.[149]

6.5 Finanzielle Förderung

Hauptförderinstrument ist die finanzielle Förderung der regenerativen Erzeugungsanlagen. Durch diese soll ein wirtschaftlicher Betrieb dieser Anlagen ermöglicht werden und setzt dementsprechende Investitionsanreize. Die Regelungen zur finanziellen Förderung werden im Folgenden näher betrachtet.

6.5.1 Förderanspruch

Der Vergütungsanspruch der Anlagenbetreiber aus Erneuerbare Energie ist in § 19 EEG 2014 geregelt. Aus § 19 Abs. 1 EEG 2014 ergibt sich die Förderpflicht des Netzbetreibers und in den Abs. 2 und 3 sind Abschlagszahlungen und Fälligkeiten normiert. Aus Abs. 4 ergibt sich ein Recht zur Zwischenspeicherung des grünen Stroms.[150] Der Anspruch, dass Anlagenbetreiber aus Erneuerbare Energien oder Grubengras eine finanzielle Förderung erhalten, ergibt sich wie gerade beschrieben aus § 19 EEG 2014. Diese haben gegenüber den Netzbetreibern einen Anspruch auf die Zahlung einer Marktprämie oder die Zahlung einer gesetzlichen Einspeisevergütung für kleine Anlagen oder in bestimmten Ausnahmefällen.[151] Die grundlegenden Regelungen aus der Vorgängernorm § 16 EEG 2009/2012 werden fortgeführt und auch das zweistufige Fördersystem aus den Säulen finanzielle Förderung und netzseitigen Pflichten des Netzbetreibers haben weiter Bestand. So bestehen die netzseitige Abnahme und Anschlussgarantie für alle erneuerbare Energieanlagen einen Anspruch auf finanzielle Förderung erhalten allerdings nur die regenerativen Stromanlagen, welche dem allgemeinen Ausschließlichkeitsprinzip und den §§ 19 bis 55 EEG 2014 entsprechen.[152] Im Gegensatz zum EEG 2012 wird im EEG 2014 bei der dem Anlagenbetreiber zugeordneten finanziellen Förderung

---

149 Vgl. Oschmann in Danner; Theobald (2016): EEG 2014, online Kommentar, § 7 Rn. 7 – 10, beck online.

150 Vgl. Greb; Boewe in Boewe; Bues (2016): Beck online Kommentar, § 19.

151 Vgl. Rößler; Weißenborn in Stuhlmacher; Stappert; Schon; Janssen (2015): Grundriss zum Energierecht, S. 893.

152 Vgl. Ekardt; Hennig in Frenz; Müggenborg; Cosack; Ekardt (2015): EEG, S. 568.

nicht mehr von Vergütungssätzen gesprochen, sondern von anzulegendem Wert. Dieser bildet die Grundlage zur Berechnung der Vergütungshöhe, wobei der Begriff Förderanspruch den Oberbegriff für den Anspruch der Marktprämie und Einspeisevergütung bildet.[153] Anspruchsberechtigter ist der Anlagenbetreiber und Anspruchsverpflichtender ist der Netzbetreiber. Auf welchen Netzbetreiber sich die Verpflichtung bezieht, ergibt sich dem Wortlaut nach nicht aus dem Gesetz. Im EEG 2004 wurde auf den Netzbetreiber abgestellt, in dessen Netz die Anlage einspeiste und der Netzbetreiber diesen dann abnahm. Auch wenn sich dies nicht mehr unmittelbar aus dem Gesetz ergibt, kann davon ausgegangen werden, dass der Strom abnehmende Netzbetreiber weiterhin als Verpflichteter anzusehen ist.[154]

6.5.2 Dauer und Förderbeginn des Förderungsanspruchs

Gem. § 22 EEG 2014 ist die finanzielle Förderung für die Dauer von 20 Kalenderjahren zuzüglich des Inbetriebnahmejahres der Anlage zu zahlen. Beginn der Frist nach Satz 1 ist der Zeitpunkt der Inbetriebnahme der Anlage, soweit sich aus weiteren Bestimmungen des EEG 2014 nichts anderes ergibt. Da das Jahr der Inbetriebnahme auch förderfähig ist, kann sich eine Förderdauer von fast 21 Jahren ergeben. Der Gesetzgeber wollte damit Planungssicherheit und somit auch eine gewisse Investitionssicherheit für die Projektierer schaffen.[155] Nach dem EEG 2014, besteht für alle Erneuerbare-Energie-Anlagen, unabhängig um welche Technologie es sich handelt, die gleiche Förderdauer. Die verkürzte Dauer der Förderung wie es z. B. EEG für Wasserkraftanlagen vorgesehen war, entfällt somit. Durch die Begrenzung der Förderdauer, wird eine dauerhafte Förderung vermieden, da es sich bei dem Gesetz auch um ein Markteinführungsinstrument handelt. Nach Ablauf der 20 Jahre ist davon auszugehen, dass sich die Erzeugungsanlagen mit den erhöhten Stromgestehungskosten amortisiert haben und die finanzielle Förderung nicht mehr notwendig erscheint. Der vorrangige Abnahmeanspruch des erneuerbaren Stroms bleibt weiterhin bestehen.[156] Da der Förderbeginn an das Inbetriebnahmedatum geknüpft ist, muss dieser Begriff genauer bestimmt werden. Der § 5 Nr. 21 S. 1 EEG 2014 definiert als Inbetriebnahme, den Zeitpunkt der erstmaligen Inbetriebsetzung der Anlage nach Herstellung ihrer technischen Betriebsbereitschaft,

[153] Vgl. Ekardt; Hennig in Frenz; Müggenborg; Cosack; Ekardt (2015): EEG, S. 569.

[154] Vgl. Ekardt; Hennig in Frenz; Müggenborg; Cosack; Ekardt (2015): EEG, S. 574.

[155] Vgl. BT-Drs. 16/8148, S. 52.

[156] Vgl. Schlacke; Kröger in Danner; Theobald (2016): EEG 2014, online Kommentar, § 22 Rn. 2, beck online.

ausschließlich mit Erneuerbaren Energien oder Grubengas. Satz 2 stellt weiterhin klar, dass die technische Betriebsbereitschaft voraussetzt, dass die Anlage fest an dem für den dauerhaften Betrieb vorgesehenen Ort und dauerhaft mit dem für die Erzeugung von Wechselstrom erforderlichen Zubehör installiert wird. Im Gegensatz zur Vorgängerversion des EEG 2014 begründet eine Inbetriebnahme nur eine Inbetriebsetzung mit regenerativen Energien und nicht mit fossilen Technologien.[157] Auch ändert gem. § 5 Nr. 21 S. 3 EEG 2014 ein nachträglicher Einbau eines Generators oder dessen spätere Inbetriebnahme nicht den Beginn der Förderdauer bzw. bedeutet keinen Neubeginn der Förderdauer. Dies wurde durch ein Urteil des BGH vom 23.12.2013 bestätigt und fand daraufhin in der EEG Novelle 2014 Berücksichtigung.[158]

6.5.3 Finanzielle Förderung durch die Direktvermarktung

Im EEG 2014 ist die Direktvermarktung, im Gegensatz zum EEG 2012, für Neuanlagen der Regelfall und ein Anspruch auf eine Einspeisevergütung besteht nur noch in Ausnahmefällen. Es besteht die Möglichkeit zwischen der geförderten Direktvermarktung im Marktprämienmodell oder der sonstigen Direktvermarktung zu wählen.[159] Bei der sonstigen Direktvermarktung handelt es sich um jede Stromvermarktung der erneuerbaren Energien, für die nicht die Förderung nach dem EEG gezahlt wird, dessen Tatbestände jedoch in die Definition der Direktvermarktung nach § 5 Nr. 9 EEG 2014 fallen. Dementsprechend muss der Strom an einen Dritten veräußert werden und ist in das Netz der öffentlichen Versorgung einzuspeisen.[160] Die geförderte Direktvermarktung im Marktprämienmodell ist in den §§ 34 und 35 EEG 2014 geregelt, worin der Anspruch sowie die Voraussetzungen der Marktprämie geregelt sind.[161] Gem. § 34. Abs. 1 EEG 2014 können Anlagenbetreiber für Strom aus erneuerbaren Energien oder aus Grubengas, den sie nach § 20 Abs. 1 Nr. 1 EEG 2014 direkt vermarkten und tatsächlich eingespeist sowie von einem Dritten abgenommen worden ist, vom Netzbetreiber eine Marktprämie verlangen. Abs. 1

---

157 Vgl. Resthöff; Schäfermeister (2014): EEG, § 21 Rn. 14.

158 Vgl. BGH, Urt. v. 23.10.2013 – VIII 262/12

159 Vgl. Rößler; Weißenborn in Stuhlmacher, Stappert, Schon, Janssen (2015): Grundriss zum Energierecht, S. 893.

160 Ekardt; Valentin (2015): Das neue Energierecht, S. 54.

161 Vgl. Ekardt; Hennig in Frenz; Müggenborg; Cosack; Ekardt (2015): EEG, S. 584.

nennt somit die Grundvoraussetzungen für die Inanspruchnahme der Marktprämie. Der Marktprämienansatz wurde schon im EEG 2012 integriert und sollte den Anlagenbetreibern einen Anreiz setzen, den Strom eigenständig zu vermarkten und die Marktintegration der Erneuerbaren Energien vorantreiben.[162] Neben den Einnahmen, die die Anlagenbetreiber aus der Vermarktung generieren, erhalten sie vom Netzbetreiber die Marktprämie. Dies ist der Differenzbetrag zwischen dem durchschnittlichen Marktpreis und den technologiespezifischen anzulegenden Werten nach den §§ 40 ff EEG 2014 und soll das Marktrisiko der schwankenden Preise ausgleichen. Der durchschnittliche Marktpreis wird kalendermonatlich bestimmt. Durch dieses Verfahren besteht für die Anlagenbetreiber, im Vergleich zu Einspeisevergütung, die Möglichkeit Mehrerlöse zu generieren, wenn sie ihren Strom zu einem Zeitpunkt hoher Nachfrage anbieten. Oft wird die Stromabnahme an spezialisierte Unternehmen, sogenannte Direktvermarkter, abgegeben.[163] Gem. § 34 Abs. 2 EEG 2014 wird die Höhe der Marktprämie kalendermonatlich berechnet. Die Berechnung erfolgt rückwirkend, anhand der für den jeweiligen Kalendermonat berechneten Werte nach Anlage 1 des Gesetzes. Somit handelt es sich um eine ex post Ermittlung. Der Anlage 1 EEG 2014 zu Folge, ermittelt sich die Marktprämie, indem man die Differenz aus dem anlagenspezifischen anzulegenden Wert (AW) und dem Monatsmarktwert (MW) ermittelt. Die Mehrkosten, die durch die Vermarktung des Stromes entstehen, sind im EEG 2014 im anzulegenden Wert bereits integriert und werden nicht wie in der Vorgängerversion mit der Managementprämie berücksichtigt. Die anzulegenden Werte wurden in ihrer Höhe dementsprechend angepasst und bei der Berechnung für die in Ausnahmefällen gewährte Einspeisevergütung wieder abgezogen. Durch die Inanspruchnahme der Marktprämie durch den Netzbetreiber sowie die Veräußerung des Stromes an einen Dritten, kommt es im Vergleich zur Einspeisevergütung zu veränderten Akteursbeziehungen. Bei der geförderten Direktvermarktung handelt es sich nicht um ein Zwei-Personen-Verhältnis, sondern um ein Drei-Personen-Verhältnis.[164] Der § 35 EEG 2014 regelt welche Voraussetzungen bestehen müssen, um die Marktprämie zu erhalten. So darf gem. § 35 Abs. 1 Nr. 1 EEG 2014 für den Strom kein vermiedenes Netzentgelt nach § 18 Abs. 1 Strom-Netzentgeltverordnung in An-

162 Vgl. Ekardt; Hennig in Frenz; Müggenborg; Cosack; Ekardt (2015): EEG, S. 787.

163 Vgl. Lüdemann; Ortmann (2014): Direktvermarktung im EEG in EnWZ, Heft 9, S. 385 – 432, beck-online.

164 Vgl. Ekardt; Hennig in Frenz; Müggenborg; Cosack; Ekardt (2015): EEG, S. 789 ff..

spruch genommen werden. Diese Norm regelt, dass Betreiber von dezentralen Erzeugungsanlagen von Betreibern des Elektrizitätsverteilernetzes, in dessen Netz sie einspeisen, ein Entgelt erhalten. Dieses Entgelt muss den gegenüber den vorgelagerten Netz- oder Umspannebenen durch die jeweilige Einspeisung vermiedenen Netzentgelten entsprechen. Dieser Ausschluss ergibt sich dadurch, dass die vermiedenen Netzkosten bereits in der finanziellen Förderung nach dem EEG berücksichtigt werden. Anlagenbetreiber, die ihren Strom durch eine sonstige Direktvermarktung vermarkten, haben Anspruch auf diese vermiedenen Netzentgelte. Des Weiteren muss die Anlage zur Stromerzeugung aus Erneuerbaren Energien gem. § 35 Abs. 1 Nr. 2 EEG fernsteuerbar i. S. d. § 36 EEG 2014 sein, damit die Marktprämie oder die Einspeisevergütung beansprucht werden kann. Somit soll sichergestellt werden, dass die Einspeisung an die jeweilige Marktlage und Börsenstrompreise angepasst werden kann. In § 35 Abs. 1 Nr. 3 EEG 2014 sind Bilanzkreisvorgaben geregelt, die die Transparenz der Bilanzierung sicherstellen und den Missbrauch der Direktvermarktungsregelung verhindern soll.[165]

6.5.4 Finanzielle Förderung durch die Einspeisevergütung

Damit ein Anlagenbetreiber eine Einspeisevergütung in Anspruch nehmen kann, müssen die in den §§ 37 und 38 EEG 2014 geregelten Ausnahmen greifen. Vor der Einführung des EEG 2014 war die Einspeisevergütung der Regelfall.[166] Gem. § 37 Abs. 1 EEG 2014 haben Anlagenbetreiber einen Anspruch auf eine Einspeisevergütung für Strom aus erneuerbaren Energien, den sie nach § 20 Abs. 1 Nr. 3 EEG 2014 dem Netzbetreiber zur Verfügung stellen. Nach Abs. 2 dieser Regelung besteht der Anspruch für Strom aus Anlagen, die vor dem 1. Januar 2016 in Betrieb genommen worden sind und eine installierte Leistung von höchstens 500 Kilowatt haben, und für Strom aus Anlagen, die nach dem 31. Dezember 2015 in Betrieb genommen worden sind und eine installierte Leistung von höchstens 100 Kilowatt haben. Durch die Förderungsmöglichkeit der Einspeisevergütung von kleinen Anlagen soll verhindert werden, dass hier die Direktvermarktungskosten zu einem unwirtschaftlichen Betrieb der Anlage führen.[167] Es handelt sich allerdings um eine freiwillige Inanspruchnahme. Ein Wechsel zur Direktvermarktung ist möglich.[168] Die

---

165 Vgl. Ekardt; Hennig in Frenz; Müggenborg; Cosack; Ekardt (2015): EEG, S. 810 – 815.

166 Vgl. Ekardt; Valentin (2015): Das neue Energierecht, S. 41.

167 BR-Drs. 157/14, 208

168 Vgl. Bues; Lippert in Greb; Boewe(2016): Beck´scher Online Kommentar, § 37 Rn. 4.

Höhe der Vergütung ergibt sich aus § 37 Abs. 3 EEG 2014 und ergibt sich auf Grundlage der anzulegenden Werte der einzelnen Anlagentechnologien und der vorgesehenen Degression.[169] Eine weitere Ausnahme, die eine Einspeisevergütung nach dem EEG ermöglicht, sind Bestandsanlagen, die vor dem 01.08.2014 in Betrieb genommen worden sind. Anlagenbetreiber von Bestandsanlagen können frei zwischen Direktvermarktung und Einspeisevergütung wählen, auch wenn die Anlagengröße die der Regelungen des § 37 Abs. 2 EEG 2014 übersteigt. Diese Ausnahme ergibt sich im Zuge des Vertrauensschutzes aus den Übergangsregelungen des § 100 EEG 2014. Sollte sich ein solcher Anlagenbetreiber für die Option Direktvermarktung entscheiden, wird diese jedoch nach den Regelungen des EEG 2014 erfolgen.[170] Eine weitere Ausnahme ergibt sich aus § 38 EEG 2014. Hiernach können Neuanlagen eine um 20 % geringere Einspeisevergütung in Anspruch nehmen, ohne dass dies an bestimmte Voraussetzungen geknüpft wäre. Der Gesetzgeber hat sich zu dieser Ausfallvergütung entschlossen, um die Risiken der Direktvermarktung zu verringern und wurde für Notfallsituationen, wie die Insolvenz des Direktvermarkters geschaffen. Zwar ist die Inanspruchnahme an keine weiteren Bedingungen geknüpft, doch stellt die geringere Vergütung keinen Anreiz, diese Vergütung langfristig in Anspruch zu nehmen.[171]

6.5.5 Wechsel zwischen den Verfahren

Der Wechsel zwischen den Veräußerungsformen ist in § 20 EEG 2014 geregelt und erteilt auch die Erlaubnis zur Aufteilung der Strommengen auf die unterschiedlichen Veräußerungsformen. Von der Aufteilungserlaubnis ausgenommen ist die Einspeisevergütung in Ausnahmefällen nach § 38 EEG 2014.[172] Die Veräußerungsform des Stromes aus einer Anlage ist immer zum ersten Kalendertag eines Monats zu wechseln, solange dieser Wechsel dem Netzbetreiber vor Ablauf des Vorvormonats mitgeteilt wurde. Der Wechsel in die Ausfallvergütung nach § 38 EEG kann jedoch noch bis zum fünftletzten Werktag des Vormonats dem Netzbetreiber angezeigt werden. Der Wechsel des Direktvermarkters ist gem. § 20 Abs. 3 Nr. 1 EEG 2014 jederzeit möglich.[173]

---

169 Thomas, Das EEG 2014 – eine Darstellung nach Anspruchsgrundlagen, in NVwZ 2014, S. 2, beck-online.

170 Vgl. Ekardt; Valentin (2015): Das neue Energierecht, S. 43.

171 Vgl. Lüdemann; Ortmann (2014): Direktvermarktung im EEG in EnWZ,, S. 387 ff, beck-online.

172 Vgl. Sösemann in Greb; Boewe (2016) Beck´scher Online Kommentar EEG, § 20, beck online.

173 Vgl. Ekardt; Valentin (2015): Das neue Energierecht, S. 42.

6.5.6 Berechnung der Förderhöhe

Gem. § 23 Abs. 1 S. 1 EEG 2014 ist Grundlage für die Berechnung der Förderhöhe der anzulegende Wert für Strom aus erneuerbaren Energien oder Grubengas. Nach Satz 2 ist der anzulegende Wert der zur Ermittlung der Marktprämie oder Einspeisevergütung für Strom aus erneuerbaren Energien oder Grubengas zugrunde legende Betrag nach den §§ 40 bis 51 oder 55 EEG 2014 in Cent pro Kilowattstunde. Nach § 23 Abs. 2 EEG 2014 bestimmt sich der anzulegende Wert bei einer finanziellen Förderung für Solarstrom anteilig nach der installierten Leistung der Anlage im Verhältnis zu dem jeweils anzuwendenden Schwellenwert und bei einer finanziellen Förderung anderer erneuerbarer Energie, mit Ausnahme der Windenergie und Geothermie, nach der Bemessungsleistung der Anlage. Somit ergibt sich aus dem Gesetz, dass der anzulegende Wert die Grundlage zur Berechnung der Förderhöhe bildet.[174] Für steuerbare Anlagen ergibt sich der anzulegende Wert nach der Bemessungsleistung, ist also abhängig von der Jahresdurchschnittsleistung. Gem. § 5 Nr. 4 EEG 2014 ist die Bemessungsleistung definiert als Quotient aus den in der Anlage „erzeugten Kilowattstunden" und den Jahresstunden, wobei der Eigenverbrauch einbezogen wird.[175] Indem die bei der Höhe des anzulegenden Wertes die Bemessungsleistung bzw. installierte Leistung bei solarer Strahlungsenergie berücksichtigt wird, kann eine Überförderung größerer Anlagen durch economic of scales vermieden werden.[176] Durch die in § 23 Abs. 2 verankerten gleitenden Förderung sollen Sprünge zwischen den Leistungsstufen verhindert werden, was einer gleichmäßigen, gerechten Förderung zuträglich ist. Die anzulegenden Werte für Wind- und Geothermie stellen eine Ausnahme dar und werden nicht nach der Bemessungsleistung ermittelt.[177] Das Prinzip der gleitenden Förderung nach § 23 Abs. 2 EEG 2014 stellt sich in dem Sinne dar, als das es die Anlagen fiktiv in, entsprechend der einzelnen Schwellenwerte, verschiedene Teile einteilt. Überschreitet eine Anlage den untersten Schwellenwert nicht, wird sie somit durch einen Festbetrag gefördert. Sobald eine Anlage zumindest den untersten Wert überschreitet, ergibt sich der anzulegende Wert aus einem Durchschnittswert, der sich aus den

---

174 Vgl. Ekardt; Hennig in Frenz; Müggenborg; Cosack; Ekardt (2015): EEG, S. 651.

175 Vgl. Ekardt; Valentin (2015): Das neue Energierecht, S. 64 – 65.

176 Vgl. Brahms, Florian (2016): Die Integration der Erneuerbaren Energien im Strommarkt, S.142.

177 Ekardt; Hennig in Frenz; Müggenborg; Cosack; Ekardt (2016): EEG, S. 651.

jeweils anteiligen Schwellenwertbeträgen ergibt.[178] Wie bereits beschrieben, entfällt bei Berechnung der Vergütungshöhe in der Direktvermarktung, aufgrund des Systemwechsels, die Managementprämie, da diese schon im anzulegenden Wert inbegriffen ist. Wird die Einspeisevergütung in Anspruch genommen, dann reduziert sich der anzulegende Wert um diese Prämie. Anzulegender Wert für Bestandsanlagen ist gem. § 100 Abs. 1 Nr. 4 u. Nr. 10 EEG 2014 der zum Zeitpunkt der Inbetriebnahme geltende Vergütungssatz. Im Falle einer Direktvermarktung ist die Managementprämie wieder hinzuzurechnen.[179] Die technologiespezifischen anzulegenden Werte richteten sich nach dem Datum der Inbetriebnahme einer Anlage. Das EEG 2014 sieht für die einzelnen Technologien eine gewisse jährliche Degression der anzulegenden Werte vor, die sich nach den §§ 27 ff. EEG 2014 richten. Die dadurch zum Zeitpunkt der jeweiligen Inbetriebnahme errechneten anzulegenden Werte sind dann die gesamte Förderdauer über 20 Jahre zu zahlen. Die stetige Degression der Vergütungssätze für Erneuerbarer Energien soll die durch den technischen Fortschritt sinkenden Investitionskosten berücksichtigen.[180] Für die Degression der anzulegenden Werte für Windenergie und Biomasse wurde der Atmende Deckel in das EEG 2014 übernommen, der in der vorherigen Gesetzgebung schon für Photovoltaik galt. Nach dem Atmenden Deckel wird die Degression der anzulegenden Werte berechnet, indem sich der anzulegende Wert für neu in Betrieb genommene Anlagen stetig verringert. Des Weiteren ist der Prozentsatz um den sich dieser Wert verringert, abhängig davon, ob sich die Zubaumenge im vom EEG 2014 vorgegebenen Ausbaukorridor der jeweiligen Technologie bewegt oder diesen unterschreitet. Je mehr Anlagen in Betrieb genommen werden, desto stärker wirkt sich die Degression auf die Vergütungshöhe der Energie aus. Hierdurch soll der vom Gesetzgeber gesetzte Ausbaupfad eingehalten werden.[181] Im Folgenden wird auf die speziellen Regelungen der einzelnen Technologiearten bei der Ermittlung der anzulegenden Werte eingegangen.

---

178 Ekardt; Hennig in Frenz; Müggenborg; Cosack; Ekardt (2016): EEG, S. 653.

179 Vgl. Ekardt; Valentin (2015): Das neue Energierecht, S. 51 - 52.

180 Vgl. Brahms, Florian (2016): Die Integration der Erneuerbaren Energien im Strommarkt, S. 150.

181 Vgl. Brahms, Florian (2016): Die Integration der Erneuerbaren Energien im Strommarkt, S.152 ff.

Windenergie an Land und Windenergie auf See

Für Windenergie an Land ergibt sich der anzulegende Wert aus § 49 EEG 2014. Diese Technologie wird durch ein zweistufiges Referenzertragsmodell gefördert, welches sich aus einem erhöhten Anfangswert und einem Grundwert zusammensetzt. Gem. § 49 Abs. 1 EEG 2014 beträgt der Grundwert 4,95 Cent pro Kilowattstunde und der mindestens für fünf Jahre zu zahlende Anfangswert gem. § 49 Abs. 2 EEG 2014 8,90 Cent pro Kilowattstunde. Sollte die Einspeisevergütung in Anspruch genommen werden, ist die Managerprämie i. H. v. 0,04 ct/kWh abzuziehen.[182] Es besteht die Möglichkeit auch nach Ablauf der fünf Jahre einen Anspruch auf die erhöhte Anfangsvergütung zu haben. Inwieweit sich dieser Zeitraum verlängert, hängt vom Ertrag einer Windkraftanlage ab, welcher in ein Verhältnis mit einem Referenzertrag gesetzt wird. Im Prinzip verlängert ein geringerer Betrag die erhöhte Anfangsvergütung. Dadurch soll ein Ausgleich zwischen windhöffigen und windärmeren Standorten geschaffenen werden, was den Betrieb von Windenergieanlagen im Binnenland fördern soll.[183] Gem. § 49 Abs. 2 S. 2 EEG 2014 verlängert sich die Frist um einen Monat pro 0,36 Prozent des Referenzertrages, um den der Ertrag der Anlage 130 Prozent des Referenzertrages unterschreitet. Zusätzlich verlängert sich die Frist um einen Monat pro 0,48 Prozent des Referenzertrages, um den der Ertrag der Anlage 100 Prozent des Referenzertrages unterschreitet. Referenzertrag ist der errechnete Ertrag der Referenzanlage nach Maßgabe der Anlage 2 zu diesem Gesetz. Demzufolge würde bei einem Anlagenertrag über 130 % des Referenzertrages lediglich ein Anspruch auf die fünfjährige Anfangsvergütung bestehen und bei einem Anlagenertrag von weniger als 80 % die erhöhte Vergütung über die vollen 20 Jahre gezahlt werden.[184] Gem. § 29 EEG ist für Windenergie grundsätzlich eine vierteljährliche Degression der anzulegenden Werte um 0,4 % vorgesehen. Sollte der sich aus § 3 EEG 2014 ergebende Zielkorridor überschritten werden, erhöht sich die Degression schrittweise um 1,2 Prozent. Eine schrittweise Verringerung auf null ist bei einer Unterschreitung der Zubaumenge um 400 MW, zu einer Erhöhung um 0,2 % bei einer Unterschreitung um 600 MW und bei einer Unterschreitung um 800 MW zu einer Erhöhung um 0,4 Prozent vorgesehen.[185]

---

182 Vgl. Ekardt; Valentin (2015): Das neue Energierecht, S. 68.

183 Vgl. Schomerus in Frenz; Müggenborg (2013): EEG Kommentar, § 29 Rn. 39.

184 Vgl. Ekardt; Valentin (2015): Das neue Energierecht, S. 68.

185 Vgl. Ekardt; Valentin (2015): Das neue Energierecht, S. 70.

„Bezugszeitraum ist dabei jeweils der 12-Monatszeitraum, der dem Anpassungszeitpunkt um fünf Monate vorausgeht.“[186]

Für Windenergie auf See ergeben sich die Vorschriften zur Berechnung des anzulegenden Wertes aus § 50 EEG 2014. Der Grundwert beträgt 3,90 Cent pro Kilowattstunde. Der erhöhte Anfangswert wird über 12 Jahre i. H. v. 15,4 Cent gezahlt. Für Anlagen, die vor dem 01.01.2020 in Betrieb genommen werden, ist es möglich, eine Anfangsvergütung im Rahmen des sogenannten Stauchungsmodells i. H. v. 19,4 Cent pro Kilowattstunde zu erhalten. Diese Vergütung wird allerdings nur für acht Jahre gewährt und muss gem. § 50 Abs. 2 EEG 2014 vom Anlagenbetreiber von dem Netzbetreiber verlangt werden. Die Degressionssätze greifen ab 2018 und betragen im Stauchungsmodell 1 Cent pro kWh und im normalen Modell 0,5 Cent pro kWh.[187]

Photovoltaik

Die Regelungen zu den anzulegenden Werten für solare Strahlungsenergie sind in § 51 EEG 2014 zu finden und richten sich nach der installierten Leistung einer Anlage.[188] In § 51 Abs. 2 EEG sind vier Schwellenwerte für Photovoltaik auf baulichen Anlagen festgelegt, wobei der niedrigste Schwellenwert bei einer installierten Leistung von 10 Kilowatt mit 13,15 Cent pro kWh vergütet wird und der höchste Schwellenwert bei 10 Megawatt mit 9,23 Cent pro kWh vergütet wird. Die Degression erfolgt wie schon im EEG 2012 im Zuge des atmenden Deckels. Die monatliche Basisdegression beträgt gem. § 31 EEG 2014 0,5 Prozent, wobei sich diese alle drei Monate an die Zubaumenge anpasst.[189] Für Strom aus Freiflächenphotovoltaikanlagen wird der anzulegende Wert durch eine Pilotausschreibung ermittelt. So soll eine wettbewerbliche Ermittlung der Förderhöhe erfolgen und umfasst ein Ausschreibungsvolumen von 600 MW. Durch die Bekanntmachung der Bundesnetzagentur der Ausschreibungen für Photovoltaik auf Freiflächenanlagen ist der Anspruch auf anderweitige Förderung auf 6 Monate begrenzt. Nach Ablauf dieser Frist besteht der Förderanspruch nur noch durch Teilnahme am Ausschreibungsmodell.[190]

---

186 Ekardt; Valentin (2015): Das neue Energierecht, S. 70

187 Vgl. Ekardt; Valentin (2015): Das neue Energierecht, S. 70.

188 Vgl. Bues; Lippert in Greb; Boewe (2016): Becksch´er Online Kommentar, § 51 Rn. 65-68.

189 Vgl. Geipel; Dinter (2014): Das Erneuerbare-Energien-Gesetz 2014, Versorgungswirtschaft, S. 201.

190 Vgl. Thomas (2014): Das EEG nach Anspruchsgrundlagen in NVwZ, S. 1139, beck-online.

Biomasse

Die Berechnung der anzulegenden Werte für Strom aus Biomasse und Biogase ergibt sich aus den §§ 44 ff. EEG 2014. Im Vergleich zu der Vorgängerregelung aus früheren EEG-Novellen wurden die Fördersätze deutlich reduziert. Der Gesetzgeber sieht keinen Anlass darin die Förderung aus Biomasse, trotz der Möglichkeit der bedarfsgerechten Energieerzeugung, konsequent voranzutreiben. Der anzulegende Wert ergibt sich aus der Bemessungsleistung nach den jeweiligen Schwellenwerten. Für Neuanlagen, die eine größere Leistung als 100 kW haben, besteht die Möglichkeit eine zusätzliche Flexibilitätsprämie in Anspruch zu nehmen. Dieser besteht für die komplette installierte Leistung i. H. v. 40 € pro Kilowattstunde im Jahr. Für Bestandsanlagen besteht die Möglichkeit eine Flexibilitätsprämie nach dem alten EEG in Anspruch nehmen. Die Degression für Biomasse erfolgt vierteljährlich und vergrößert sich entsprechend prozentual bei Überschreitung des Zubau-Deckels. Eine Absenkung des Degressionssatzes bei Unterschreitung, wie bei Wind- und Solarenergie, ist nicht vorgesehen.[191]

Deponiegas, Grubengas und Klärgas

Die Berechnung der anzulegenden Werte aus Deponie, Gruben und Klärgas ergeben sich aus den §§ 41 bis 43 EEG 2014 und berechnen sich nach der Bemessungsleistung und den gegebenen Schwellenwerten. Bei Grubengas ist darauf zu achten, dass das Gas aus stillgelegten Bergwerken des aktiven oder stillgelegten Bergbaus resultiert.[192]

Wasserkraft

Die Berechnung des anzulegenden Wertes für Wasserkraft ergibt sich nach den Schwellenwerten und der Bemessungsleistung aus § 40 EEG 2014. So liegen die anzulegenden Werte zwischen 12,52 Cent und 3,5 Cent pro Kilowattstunde. Strom aus Wasserkraftanlagen erhalten nur eine finanzielle Förderung nach dem EEG, wenn es sich um Anlagen mit ausschließlich natürlichem Zufluss handelt. Somit werden Wasserkraftanlagen von der Förderung ausgeschlossen, die Strom teilweise durch Energie mit vorangegangenen Pumpvorgängen erzeugen.[193]

---

[191] Vgl. Ekardt; Valentin (2015): Das neue Energierecht, S. 73.

[192] Vgl. Stuhlmacher; Stappert; Schoon; Jansen (2015): Grundriss zum Energierecht, S. 919.

[193] Vgl. Stuhlmacher; Stappert; Schoon; Jansen (2015): Grundriss zum Energierecht, S. 905.

Geothermie

Gem. § 48 EEG 2014 beträgt der anzulegende Wert aus Geothermie 25,20 Cent pro Kilowattstunde. Eine Begrenzung der Anlagengröße oder die Berechnung des anzulegenden Wertes nach der Bemessungsleistung entfällt bei dieser Energieart.[194]

Vergütung für Strom aus mehreren Anlagen

Gem. § 32 EEG 2014 gelten mehrere Anlagen unabhängig von den Eigentumsverhältnissen und ausschließlich zum Zweck der Ermittlung des Anspruches nach § 19 für den jeweils zuletzt in Betrieb gesetzten Generator als eine Anlage, wenn sie sich auf demselben Grundstück befinden oder sonst in räumlicher Nähe befinden und sie Strom aus einer gleichen Energietechnologie erzeugen, die nach der Bemessungsleistung oder nach der installierten Leistung gefördert werden und innerhalb von zwölf aufeinander folgenden Kalendermonaten in Betrieb genommen wurden. Somit wird durch das EEG geregelt, dass Anlagen die in einem gewissen Näheverhältnis stehen, zum Zweck der Ermittlung der Förderhöhe, zusammengefasst werden können. Diese Regelung wurde erstmals im EEG 2009 eingeführt und dient dem Zweck der Vermeidung des sogenannten Anlagensplittings. Aufgrund des Unterlaufens der einzelnen Schwellenwerte war es möglich, eine höhere Vergütung zu generieren. In der Vergangenheit kam es vermehrt dazu, dass viele kleine Biogasanlagen in räumlicher Nähe zueinander, um die gemeinsame Infrastruktur zu nutzen, erbaut wurden und so ein höherer Fördersatz eingestrichen wurde, da die einzelnen Anlagen die Schwellenwerte, die die Vergütung reduzieren würde, nicht erreichten. Mit der Einführung der Regelung zur Anlagenzusammenfassung ist dies nicht mehr möglich. Die unterschiedliche Vergütung der einzelnen Leistungsklassen wurde vom Gesetzgeber eingeführt, um die höheren Stromgestehungskosten kleinerer Anlagen Rechnung zu tragen. Dementsprechend bedurfte es einer Regelung, damit das bewusste Anlagensplitting nicht mehr möglich ist.[195]

6.5.7 Verringerung der Vergütungshöhe

Neben der eben beschriebenen bestehenden Degression der anzulegenden Werte kann es weitere Gründe geben, warum sich die Höhe der Vergütung ändert. Die Degressionsbestimmungen sowie die weiteren Verringerungstatbestände sind in § 23

194 Vgl. Stuhlmacher; Stappert; Schoon; Jansen (2015): Grundriss zum Energierecht, S. 919.

195 Vgl. Hennig; Bredow in Frenz; Müggenborg; Cosack; Ekardt (2015): EEG, S. 740 – 743.

Abs. 4 EEG 2014 aufgelistet. Durch diese Aufzählung versuchte der Gesetzgeber einen Überblick über die Tatbestände zu schaffen, aus denen eine Verringerung des anzulegenden Wertes resultiert. In § 25 EEG 2014 werden Pflichtverstöße der Anlagenbetreiber pönalisiert, indem sich der anzulegende Wert entweder auf null oder auf den Monatsmarktwert reduziert.[196] Zudem verringert sich die Förderung unter Umständen gem. § 24 EEG 2014 auf null, sollten an der Strombörse negative Preise herrschen. Die Verringerung der Förderung auf null tritt ein, wenn der Strompreis am Spotmarkt mindestens sechs Stunden nacheinander im Negativbereich liegt. Der anzulegende Wert wird dann für den gesamten Zeitraum, in der negative Preise bestehen, reduziert. Gem. § 24 Abs. 2 EEG 2014 sind Betreiber, die eine Einspeisevergütung nach § 38 EEG 2014 in Anspruch nehmen, dazu verpflichtet, ihre Einspeisewerte für den Negativ-Zeitraum an den Netzbetreiber zu melden. Unterlässt er diese Meldepflicht, dann reduziert sich sein anzulegender Wert um weitere 5 Prozent zu der sowieso schon reduzierten Vergütung nach § 38 EEG 2014. In § 24 Abs. 3 EEG 2014 werden Windenergieanlagen kleiner 3 MW sowie andere Anlagen kleiner 500 kW, Anlagen mit Inbetriebnahmedatum vor dem 01.01.2016 und Demonstrationsprojekte von diesen Regelungen ausgenommen.[197]

6.6 Netzanschlusspflicht

Durch das EEG wird dem Anlagenbetreiber für seine Anlage aus erneuerbaren Energien ein Netzanschluss zugesichert, indem der Netzbetreiber eine Netzanschlusspflicht auferlegt wird.[198] Im Folgenden werden diese Regelung sowie die Regelungen zu den Anschlusskosten, Netzausbau, Netzzugang und Streitbeilegung näher erläutert.

6.6.1 Anschlusspflicht

Gem. § 8 Abs. 1 EEG 2014 müssen Netzbetreiber Anlagen zur Erzeugung von Strom aus erneuerbaren Energien und Grubengas unverzüglich und vorrangig an der Stelle an ihr Netz anschließen, die im Hinblick auf die Spannungsebene geeignet ist und die in der Luftlinie kürzeste Entfernung zum Standort der Anlage aufweist,

---

[196] Vgl. Ekardt; Hennig in Frenz; Müggenborg; Cosack; Ekardt (2015): EEG, S. 661 - 662.

[197] Vgl. Ekardt; Hennig in Frenz; Müggenborg; Cosack; Ekardt (2015): EEG, S. 663.

[198] Vgl. Rößler; Weißenborn in Stuhlmacher, Stappert, Schon, Janssen (2015): Grundriss zum Energierecht, S. 878.

wenn nicht dieses oder ein anderes Netz einen technisch wirtschaftlich günstigeren Verknüpfungspunkt aufweist. Somit besteht zuerst die Verpflichtung des Netzbetreibers regenerative Erzeugungsanlagen schnellstmöglich an ihr Energienetz anzuschließen.[199] Der Netzbetreiber handelt unverzüglich, wenn er die Anlage ohne schuldhaftes Zögern an das Netz anschießt, sobald der Anlagenbetreiber den Netzanschluss vom Netzbetreiber verlangt. Der Netzbetreiber schließt die Anlage vorrangig an, wenn er den Anschluss vorrangig vor anderen, nicht nach dem EEG förderfähigen Anlagen, an das Netz nimmt. Sollten mehrere EEG-Anlagen untereinander konkurrieren, dann ist die Anlage zuerst anzuschließen, die zuerst anschlussbereit ist.[200] Was den Begriff der Anlage im Sinne des EEG genau umfasst ist umstritten. Gem. der Definition aus § 5 Nr. 1 EEG 2014 ist eine Anlage i. S. d. Gesetzes jede Einrichtung zur Erzeugung von Strom aus Erneuerbaren Energien. Der Gesetzesbegründung zum EEG 2009 ist zu entnehmen, dass der Anlagenbegriff weit zu auszulegen ist.[201] Auch der BGH hat dies in seinem Urteil v. 23.10.2013 – VIII ZR 262/12 bestätigt. „Somit sind unter einer Anlage die Gesamtheit aller funktional zusammengehörenden technisch und baulich notwendigen Einrichtungen zu verstehen."[202] Allerdings sind Anlagen, die nicht der Stromerzeugung dienen, wie z. B. Wechselrichter oder Verwaltungseinrichtungen, nicht von diesem weiten Anlagenbegriff umfasst.[203] Über die Förderdauer von 20 Jahren ist es üblich, dass an den Anlagen zur Erzeugung von erneuerbaren Energien technische oder bauliche Veränderungen vorgenommen werden, die z. B. durch Reparatur oder Erweiterungen verursacht werden. Hieraus ergeben sich neue Unklarheiten bzgl. der Vergütungsansprüche aus dem EEG. Die Clearingstelle hat zu diesen Fragestellungen in ihrer Empfehlung 2012/19 einige Punkte beantwortet.[204] Folgt man dem Wortlaut des § 8 Abs. 1 EEG ist zur Findung des Anschlusspunktes zunächst der wirtschaftlich günstigste Verknüpfungspunkt zu ermitteln. Es sind dabei die unmittelbar durch den Netzanschluss entstehenden Kosten zu berücksichtigen. Sollte es sich gem.

199 Vgl. Rößler; Weißenborn in Stuhlmacher, Stappert, Schon, Janssen (2015): Grundriss zum Energierecht, S. 880.

200 Vgl. Cosack in Frenz; Müggenbor; Cosack; Ekardt (2015): EEG, S. 369.

201 Vgl. BT-Drucks. 16/8148, S. 38.

202 BGH Urteil v. 23.10.2013 – VIII ZR 262/12.

203 Vgl. Rößler; Weißenborn in Stuhlmacher, Stappert, Schon, Janssen (2015): Grundriss zum Energierecht, S. 880.

204 Vgl. Clearingstelle EEG (2012): Empfehlung 2012/19.

§ 8 Abs. 1 S. 3 EEG 2014 um eine oder mehrere Anlagen mit einer installierten Leistung von höchstens 30 kW handeln, die sich auf einem Grundstück mit vorhandenen Netzanschluss befindet, gilt der Verknüpfungspunkt des Grundstücks mit dem Netz als günstigster Verknüpfungspunkt. Laut BGH muss eine wirtschaftliche Gesamtbetrachtung verschiedener Netzanschlussvarianten durchgeführt werden. Er stellt weiterhin klar, dass es auf die wirtschaftliche Gesamtbetrachtung ankommt und eine Prüfung der kürzesten Entfernung somit nicht durchgeführt werden muss. Es ist ein gesamtwirtschaftlicher Kostenvergleich durchzuführen, indem die Kosten für jeden in Frage kommenden Anschlusspunkt ermittelt werden. Der Verknüpfungspunkt, der die geringsten Kosten verursacht, wird als Anschlusspunkt festgelegt.[205] Zu berücksichtigen ist allerdings, dass in § 8 Abs. 1 S. 2 EEG 2014 von der BGH-Rechtsprechung abgewichen wird, indem nur noch die unmittelbar durch den Netzanschluss entstehenden Kosten zuzurechnen sind.[206] Nach § 8 Abs. 2 EEG 2014 haben die Betreiber der Anlagen ein Wahlrecht darüber, ob sie den ermittelten Verknüpfungspunkt wählen oder einen anderen. Allerdings gilt dies nur, wenn die Kosten für den anderen Verknüpfungspunkt nicht unerheblich sind. In den ersten Referentenentwürfen der EEG Novelle 2014 wurde über eine 10 %-Schwelle diskutiert. Eine abschließende Regelung wurde zu dieser Fragestellung allerdings nicht getroffen. Solange die Abnahme des Stroms gem. den Vorgaben des § 11 EEG 2014 sichergestellt ist, kann der Netzbetreiber von den Vorgaben der Abs. 1 und 2 abweichen und einen anderen Verknüpfungspunkt für den Netzanschluss der Anlagen zuweisen.[207] Gem. § 8 Abs. 4 EEG 2014 besteht die Anschlusspflicht des Netzbetreibers auch, wenn dies eine Netzinvestition voraussetzt. Anlagenbetreiber und Netzbetreiber haben sich gegenseitig laut § 8 Abs. 5 EEG 2014, im Rahmen des Netzanschlussbegehrens, die notwendigen Unterlagen zur Verfügung zu stellen. Die Anschlusspflicht des Netzbetreibers entfällt auch nicht, wenn zuvor eine Netzerweiterung notwendig und diese wirtschaftlich zumutbar ist, damit die Anlage an das Netz angeschlossen werden kann. Oft kommt es in dieser Hinsicht zu Streitigkeiten, wenn es darum geht eine Maßnahme einer Netzinvestition oder eines

205 BGH Urt. V. 10.10.2012 – VIIII ZR 362/11.

206 Vgl. Rößler; Weißenborn in Stuhlmacher, Stappert, Schon, Janssen (2015): Grundriss zum Energierecht, S. 880.

207 Rößler; Weißenborn in Stuhlmacher, Stappert, Schon, Janssen (2015): Grundriss zum Energierecht, S. 880.

Netzanschlusses zuzuordnen, da hier die Kostentragungspflichten unterschiedlich sind.[208]

6.6.2 Anschlusskosten

Gem. § 16 EEG Abs. 1 2014 sind die notwendigen Kosten des Netzanschlusses nach § 8 Abs. 1 od. 2 EEG 2014 und der notwendigen Messeinrichtungen zur Bilanzierung des gelieferten und bezogenen Stromes vom Anlagenbetreiber zu tragen. Sollte der Netzbetreiber den Netzverknüpfungspunkt nach § 8 Abs. 3 EEG 2014 zuweisen, dann hat dieser alle daraus resultierenden Mehrkosten zu tragen. Ergänzend zu dieser Regelung hat der Anlagenbetreiber gem. § 10 EEG 2014 das Recht den Netzanschluss und die dazugehörigen Messeinrichtungen durch den Netzbetreiber oder durch einen fachkundigen Dritten durchführen zu lassen. Als Netzanschlusskosten i. S. d. § 16 Abs. 1 EEG 2014 „sind alle zwangsläufig erforderlichen Aufwendungen, die der Verbindung der Anlage mit dem zur Einspeisung technisch geeigneten Netz dienen, wobei grundsätzlich die technisch und rechtlich mögliche kürzeste Entfernung zwischen Anlage und Netz zugrunde zu legen ist."[209] Begrenzt wird die Pflicht des Anlagenbetreibers zur Kostentragung dadurch, dass dieser lediglich die notwendigen Kosten zu tragen hat. Als notwendig werden Kosten erachtet, ohne die ein Netzanschluss der Anlage an das Netz nicht möglich wäre. Hierbei sind die technischen Anforderungen des Netzbetreibers aus Gründen der Versorgungssicherheit die Anforderungen nach § 49 EnWG zu berücksichtigen.

6.6.3 Kosten der Kapazitätserweiterung

Wie bereits beschrieben besteht die Anschlusspflicht des Netzbetreibers gem. § 8 Abs. 4 EEG 2014 auch, wenn der Netzanschluss einen vorherigen Netzausbau bzw. einer Optimierung bedingt. Weiterhin kann der Anlagenbetreiber die notwendigen Ausbaumaßnahmen gem. § 12 Abs. 1 EEG 2014 vom Netzbetreiber unverzüglich verlangen, solange dies wirtschaftlich zumutbar ist. Die Kosten, die für den notwendigen Netzausbau anfallen, weist das EEG in § 17 EEG 2014 dem verpflichteten Netzbetreiber zu.[210] Grundsätzlich definieren sich Netzausbaukosten dadurch, dass es sich hierbei um Kosten handelt, die aus Maßnahmen resultieren,

---

208 Vgl. Rößler; Weißenborn in Stuhlmacher, Stappert, Schon, Janssen (2015): Grundriss zum Energierecht, S. 882.

209 Vgl. Rößler; Weißenborn in Stuhlmacher, Stappert, Schon, Janssen (2015): Grundriss zum Energierecht, S. 883.

210 Vgl. Ekardt; Hennig in Frenz; Müggenborg; Cosack; Ekardt (2016): EEG, S.549.

die zur Durchleitung des Stromes durch das Netz notwendig sind. Um Kosten einer Kapazitätserweiterung von denen des Netzanschlusses abzugrenzen, kann festgehalten werden, „dass ein Netzanschluss grundsätzlich dann vorliegt, wenn die fraglichen technischen Einrichtungen zwischen der in der Rede stehenden Anlage und dem jeweiligen Verknüpfungspunkt, also „außerhalb des Netzes", liegen, während Maßnahmen an und hinter dem Netzverknüpfungspunkt, also solche „innerhalb des Netzes", grundsätzlich zum Netzausbau gehören."[211] Als unzumutbar gilt eine Kapazitätserweiterung auf jeden Fall dann, wenn die Maßnahme existenzbedrohend für den Netzbetreiber wäre und den Wegfall der Ausbaupflicht zur Folge hätte. Allerdings bleibt die Ausbaupflicht für alle zumutbaren Maßnahmen weiterhin bestehen, § 12 Abs. 3 EEG 2014 bezieht sich nur auf den unzumutbaren Teil der Maßnahme. Die Beweislast trägt hier der Netzbetreiber.[212]

6.7 Abnahme- und Übertragungspflicht

Gem. § 11 Abs. 1 EEG 2014 müssen Netzbetreiber vorbehaltlich des § 14 EEG 2014 den gesamten Strom aus erneuerbaren Energien oder aus Grubengas, der in einer Veräußerungsform nach § 20 Abs. 1 EEG 2014 veräußert wird, unverzüglich vorrangig physikalisch abnehmen, übertragen und verteilen. Somit bleibt trotz der Neustrukturierung der Fördersystematik zur Direktvermarktung als Regelfall, der Abnahmevorrang erneuerbarer Energien weiterhin unverändert bestehen.[213] Sollten Anlagenbetreiber die Einspeisevergütungen aus den vorgenannten Ausnahmefällen in Anspruch nehmen, erstreckt sich die Abnahmepflicht neben der physischen vorrangigen Abnahme auch auf die Pflicht zur vorrangigen kaufmännischen Abnahme (§ 11 Abs. 1 S. 2 EEG 2014). Sollte die Erzeugungsanlage an das Netz des Anlagenbetreibers oder an ein Netz eines Dritten angeschlossen sein und der Strom mittels kaufmännisch-bilanzieller Weitergabe in ein Netz angeboten werden, dann besteht gem. § 11 Abs. 2 EEG 2014 auch die Abnahmepflichten aus § 11 Abs. 1 EEG 2014. So wird die Förderung auch auf Fälle ausgeweitet, in denen der Strom rein physikalisch an seinem Erzeugungsort verbraucht wird und nicht in das Netz des Netzbetreibers eingespeist wird. Die erzeugten Strommengen werden jedoch vom Netzbetreiber in seinen Bilanzkreis aufgenommen und sind auch nach

211 Ekardt; Hennig in Frenz; Müggenborg; Cosack; Ekardt (2016): EEG, S.551.

212 Vgl. Boemke in Frenz; Müggenborg; Cosack; Ekardt (2016): EEG, S 450 – 451.

213 Vgl. Gabler; Metzenthin (2014): EEG, § 8 EEG Rn. 11.

dem EEG förderfähig.[214] Aus dem Gesetz ergeben sich Ausnahmen von den eben genannten Verpflichtungen. Gem. § 11 Abs. 3 EEG 2014 besteht die Abnahmepflicht z. B. nicht, soweit Anlagenbetreiber oder Direktvermarktungsunternehmer und Netzbetreiber unbeschadet des § 15 EEG zur besseren Integration der Anlage in das Netz ausnahmsweise vertraglich vereinbaren, vom Abnahmevorrang abzuweichen. Diese Regelung soll die volkswirtschaftlichen Kosten des Netzbetriebes verringern, indem unwirtschaftliche Netzausbaumaßnahmen durch vertragliche Regelungen verhindert werden. Auch besteht ein Abnahmevorrang nicht, soweit solche Vereinbarungen durch die Ausgleichsmechanismus-Verordnung zugelassen sind. Es ist jedoch darauf zu achten, dass solche Verträge die Regelungen des Abnahmevorranges regenerativer Energien nicht unterlaufen. Des Weiteren ist auf das gesetzliche Schuldverhältnis des § 7 EEG 2014 zu verweisen, welches den Netzbetreiber dazu anhält, die Erfüllung seiner Verpflichtungen, nicht von einem Vertragsverhältnis abhängig machen zu dürfen.[215] Auch kann der Anspruch auf vorrangige Abnahme, Übertragung und Verteilung nach § 11 EEG 2014 gem. § 9 Abs. 7 EEG 2014 für bestimmte Erzeugungsanlagen verloren gehen, wenn die Anlage nicht bestimmten technischen Vorgaben entspricht und es sich um eine Anlage handelt, die keinen Anspruch auf finanzielle Förderung nach § 19 EEG 2014 hat. Handelt es sich um Anlagen, für die ein solcher Förderanspruch nach EEG 2014 besteht, richten sich die Rechtsfolgen nach dem § 25 Abs. 2 EEG. Sollte ein Anlagenbetreiber seine Anlage, welche über 100 kW installierte Leistung besitzt, nicht mit den technischen Voraussetzungen ausstatten, die es dem Netzbetreiber möglich machen, die Anlage bei Netzüberlastung ferngesteuert zu reduzieren und die Ist-Einspeisung abzurufen (§ 9 Abs. 1 EEG 2014), dann entsteht ihm nur ein Förderanspruch i. H. d. Monatsmarktwertes. Somit wird ein Verstoß nicht wie noch im EEG 2012 mit einer Vergütung von 0 € bestraft. Sonstige Anlagen für die ein Abnahmeanspruch verloren gehen kann, kann z. B. eine EEG Anlage außerhalb des Förderzeitraumes oder zur Nutzung des Eigenverbrauchs darstellen.[216] Der § 14 EEG 2014 regelt eine Ausnahme der Abnahmepflicht des Netzbetreibers in Bezug auf das Einspeisemanagement. Durch die Einspeisemanagement-Regelungen soll

---

[214] Vgl. Woltering in Greb; Boewe (2016): Beck'scher Online Kommentar, EEG, § 11 Rn. 24 – 28.

[215] Vgl. Rößler; Weißenborn in Stuhlmacher, Stappert, Schon, Janssen (2015): Grundriss zum Energierecht, S. 885.

[216] Vgl. Bues; Lippert in Greb; Boewe (2016): Beck'scher Online Kommentar, EEG § 9 Abs. 7 Rn. 1 – 4a, beck online.

sichergestellt werden, dass bei Netzengpässen ein sicherer Netzbetrieb, mit möglichst einem hohen Anteil von Strom aus erneuerbaren Energien, Grubengas oder Kraft-Wärme-Kopplung möglich ist. Denn Netzbetreiber dürfen unbeschadet ihrer Pflicht nach § 12 EEG 2014 ausnahmsweise an ihr Netz unmittelbar oder mittelbar angeschlossene Stromerzeugungsanlagen und KWK-Anlagen, die mit einer Einrichtung zur ferngesteuerten Reduzierung der Einspeiseleistung bei Netzüberlastung im Sinne von § 9 Abs. 1 Nr. 1 Satz 1 Nummer 1, Satz 2 Nummer 1 oder Abs. 2 Nr. 1 oder 2 Buchstabe a ausgestattet sind, regeln und von ihrer Abnahmepflicht abweichen.[217] Dies kann erfolgen, wenn gem. § 14 Abs. 1 EEG 2014 im eigenen oder vorgelagerten Netz ein Netzengpass entsteht, der Vorrang für Strom Erneuerbarer Energien unter Vorbehalt der Sicherheit und Zuverlässigkeit der Elektrizitätsversorgung gewahrt wird und die Netzbetreiber die verfügbaren Daten über die Ist-Einspeisung in der jeweiligen Netzregion abgerufen haben. Bei der Entscheidung, welche Anlagen zu regeln sind, ist die Anlage zu wählen, die den Netzengpass beseitigen würde.[218] Durch die Abregelung der Anlagen im Zuge des Einspeisemanagement, entstehen den Anlagenbetreibern Einspeiseverluste, die durch den Entschädigungsanspruch gegenüber dem Netzbetreiber aus § 15 EEG 2014 ausgeglichen werden. Voraussetzung für eine Entschädigung ist, dass durch die Erzeugungsanlage weniger Strom in das Netz eingespeist wurde, als wenn die Anlage nicht durch das Einspeisemanagement geregelt gewesen wäre. Grundsätzlich erhält der Anlagenbetreiber gem. § 15 EEG 2014 eine Entschädigung i. H. v. 95 % seiner entgangenen Einnahmen zuzüglich der zusätzlichen Aufwendungen und abzüglich der ersparten Aufwendungen. Sollten die Verluste durch die Abregelungen des Netzbetreibers 1 % der Einnahmen des jeweiligen Jahres übersteigen, dann sind ab diesem Zeitpunkt 100 % der entgangenen Einnahmen zu entschädigen. Eine Entschädigungszahlung entfällt allerdings, wenn es sich nicht um eine Überlastung der Netzkapazität durch Erneuerbare Energien handelt, sondern der Netzbetreiber die Anlagen für Netzerweiterungen aus den §§ 13 u. 14 EnWG regelt. Durch § 13 Abs. 2 a EEG 2014 wird jedoch sichergestellt, dass der Abnahmevorrang auch im Rahmen der Systemverantwortlichkeit der Netzbetreiber einzuhalten ist. Die Entschädigungszahlungen, die der Netzbetreiber an die Anlagenbetreiber zu

[217] Vgl. BT-Drcks. 16/8148, S. 46.

[218] Vgl. BT-Drcks. 16/8148, S. 47.

entrichten hat, kann der Netzbetreiber gem. § 15 Abs. 2 EEG 2014 bei einer erforderlichen Maßnahme, die er nicht zu vertreten hatte, in die Berechnung der Netzentgelte einfließen lassen.[219]

6.8 Ausgleichsmechanismus

Die finanzielle Förderung des EEG der regenerativen Anlagenbetreiber wird durch die sogenannte EEG-Umlage finanziert. Diese Umlage ist nicht staatlich finanziert, sondern wird durch die Stromverbraucher als Bestandteil des Arbeitspreises ihrer Stromrechnung bezahlt. Die Ermittlung der EEG-Umlage und der damit verbundene bundesweite Ausgleichsmechanismus zwischen den Netzbetreibern erfolgt in einem fünf-stufigen Verfahren, welches durch die §§ 56 ff. EEG 2014 sowie in der Ausgleichmechanismusverordnung und der zugehörigen Ausführungsverordnung geregelt ist.[220] Der Ausgleichmechanismus soll eine ungleiche Belastung der Netzbetreiber in Gebieten mit hohem Erneuerbaren Energien-Anteil vermeiden. Stufe eins verpflichtet den Netzbetreiber, an dessen Netz die geförderte Anlage angeschlossen ist, zur Stromabnahme und Vergütung oder Zahlung der Marktprämie. In Stufe zwei wird der Strom an den vorgelagerten Übertragungsnetzbetreiber weitergegeben, welcher dem vorgelagerten Netzbetreiber Ausgleichzahlungen für die Auszahlungen an die Anlagenbetreiber erhält. Stufe drei sieht dann einen horizontalen Ausgleich des Stromes zwischen den vier deutschen Übertragungsnetzbetreibern vor, der unabhängig von der realen Einspeisung regenerativer Energien in der jeweiligen Regelzone erfolgt. So soll eine gleichmäßige Belastung, welche abhängig vom Letztverbraucherabsatz ist, gewährleistet werden.[221] Die Übertragungsnetzbetreiber verkaufen die aufgenommene Energie am Spotmarkt einer Strombörse. Die daraus resultierenden Einnahmen decken einen Teil der an die vorgelagerten Netzbetreiber gezahlten Ausgleichzahlungen. Die Differenz wird in Stufe vier durch ein Abwälzen der Kosten auf die Energieversorgungsunternehmen finanziert. Stufe fünf ermächtigt die Energieversorger die Kosten der EEG-Umlage an die Letztverbraucher weiterzugeben und in Rechnung zu stellen.[222] Neu im EEG 2014 ist, dass

219 Vgl. BT-Drcks. 16/8148, S. 48.

220 Vgl. Scheffler (2014): Die gesetzliche Basis und Förderinstrumente der Energiewende, S. 21.

221 Vgl. Rößler; Weißenborn in Stuhlmacher; Stappert, Schon, Janssen (2015): Grundriss zum Energierecht, S. 927.

222 Vgl. Scheffler (2014): Die gesetzliche Basis und Förderinstrumente der Energiewende, S. 21 ff.

nun auch Anlagenbetreiber und Letztverbraucher, die die Eigenversorgung mit Strom in Anspruch nehmen, für diesen Strom anteilig die EEG-Umlage zu entrichten haben. Diese Regelung findet sich in § 61 EEG 2014.[223] Gem. § 64 EEG 2014 werden stromintensive Unternehmen und Schienenbahnen in Bezug auf die Zahlung der EEG Umlage privilegiert. Welche Unternehmen von dieser Regelung profitieren, ergibt sich aus Anlage 4 des EEG 2014, in der Branchen aufgelistet werden, welche unter diese begünstigte Regelung fallen. Sollten diese Unternehmen eine Stromkostenintensität von 16 % oder 20 % (je nach Branche) aufweisen und mit ihrem Stromverbrauch über eine Grenze von 1 GWh kommen, haben diese für den verbrauchten Strom, der über die 1 GWh hinausgeht, 15 % der EEG-Umlage zu zahlen. Diese Regelung wird wiederum dadurch begrenzt, dass die EEG-Umlage bei Unternehmen mit Stromkostenintensitäten von 16 % nicht mehr als 4 Prozent der Bruttowertschöpfung und bei Stromkostenintensitäten von über 20 % nicht mehr als 0,5 Prozent der Bruttowertschöpfung ausmachen darf. Schienenbahnen werden nach dem EEG 2014 auch begünstigt und zahlen eine um 80 % verringerte EEG-Umlage. Hier beträgt die Verbrauchsgrenze 2 GWh.[224]

6.9 Herkunftsnachweise

Gem. § 79 EEG 2014 stellt die BNetzA Anlagenbetreibern Herkunftsnachweise für Strom aus erneuerbaren Energien aus, der nach § 20 Abs. 1 Nr. 2 EEG 2014 auf sonstige Weise direkt vermarktet wird. Diese Norm setzt Regelungen der europäischen RL 2009/28/EG in deutsches Recht um und verfolgt den Zweck eines transparenten Energiemarktes und soll einer Verbrauchertäuschung über die Herkunft erneuerbaren Stromes verhindern. Des Weiteren soll eine Doppelvermarktung des regenerativen Stromes verhindert werden, indem diese nicht für Strom, der durch die geförderte Direktvermarktung oder durch eine Einspeisevergütung vergütet wird, ausgestellt werden.[225] Gem. § 80 EEG 2014 besteht ein Doppelvermarktungsverbot. Gem. § 79 Abs. 2 EEG 2014 erkennt die zuständige Behörde auch ausländische Herkunftsnachweise an, was die Vermarktung der Erneuerbaren Energien erleichtern soll.[226]

---

223 Ekardt; Valentin (2015): Das neue Energierecht, S. 55 - 56.

224 Vgl. Wustlich (2014): Das Erneuerbare Energien Gesetz 2014 inNVwZ, S. 1113, beck online.

225 BT-Drs. 17/3629, 35

226 Vgl. Büllesfeld; Koch in Greb; Boewe (2016): Beck´scher Online-Kommentar, EEG, § 79 Rn. 9 - 11, beck-online.

6.10 Streitbeilegung Clearingstelle § 81 EEG

Dass EEG hat für Streitigkeiten und Fragen zu den §§ 5, 7 bis 55, 70, 80, 100 und 101 EEG 2014 sowie der hierzu auf Grund dieses Gesetzes erlassenen Rechtsverordnungen, einschließlich der Vorgängerregelungen der in Bezug genommenen Vorschriften, teilweise die Anwendung des § 61 und die Messung des für den Betrieb einer Anlage gelieferten Stroms, mit der Clearingstelle ein Streitbeilegungsorgan eingerichtet. Die Regelungen zur Clearingstelle befinden sich in § 81 EEG 2014.[227] Das Schlichtungsorgan, das durch eine juristische Person des Privatrechts betrieben wird, wurde 2007 durch das Bundesumweltministerium eingeführt und hat bislang schon zu über 2.000 Einzelanfragen Stellung genommen. Sie bietet auf einer Internetdatenbank Informationen und Anwendungsempfehlungen zum EEG an.[228] Durch die Clearingstelle sollen Streitigkeiten vermieden und beseitigt werden. Somit bearbeitet die Clearingstelle alle Fragen und Streitigkeiten in Bezug auf den Netzanschluss, der finanziellen Förderung von regenerativen Erzeugungsanlagen, Anwendbarkeit der Übergangsbestimmungen und das Doppelvermarkungsverbot.[229] Bei diesem Schlichtungsorgan handelt es sich um ein außergerichtliches Instrument zur Streitbeilegung und soll die Gerichte entlasten.[230] Die Entscheidungen der Clearingstelle sind nicht unverbindlich. Jedoch sind die Entscheidungen der Clearingstelle nicht rechtskräftig. Gerichtliche Entscheidungen und die behördlicher Entscheidungsträger sind vorrangig anzuwenden.[231]

6.11 Kontroll- und Sanktionsmechanismus

Das EEG 2014 umfasst insgesamt drei Berichtspflichten, welche in den §§ 97 bis 99 EEG 2014 geregelt sind. Diese Berichte dienen als Kontrollmechanismus und sollen das Gesetz durch fortlaufende Evaluierung und sich daraus ableitende Handlungsempfehlungen optimieren.[232] Gem. § 97 EEG 2014 hat die Bundesregierung,

---

227 Vgl. Tüngler in Frenz; Müggenborg; Cosack; Ekardt (2016): EEG, S. 1689

228 Vgl. Lovenz; Reißenweber in Loibl; Maslaton; Bredow; Walter (2013): Biogasanlagen im EEG, S. 212.

229 Vgl. Tüngler in Frenz; Müggenborg; Cosack; Ekardt (2016): EEG, S. 1696.

230 Vgl. Tüngler in Frenz; Müggenborg; Cosack; Ekardt (2016): EEG, S. 1689.

231 Vgl. Tüngler in Frenz; Müggenborg; Cosack; Ekardt (2016): EEG, S. 1702.

232 Vgl. Büllesfeld; Koch in Greb; Boewe (2016): Beck'scher Online-Kommentar, EEG, § 97 Rn. 3 – 5, beck-online.

durch Unterstützung der BNetzA, des Bundesamtes für Wirtschaft und Ausfuhrkontrolle und des Umweltbundesamtes, das EEG alle vier Jahre zu evaluieren und einen Erfahrungsbericht vorzulegen. Zweck dieser Norm ist es, die Erfahrungen der Gesetzesanwendung zu bündeln und zu überprüfen, inwieweit die Zielvorgaben des Gesetzes durch die einzelnen Instrumente erreicht worden sind. So können notwendige Änderungen erkannt werden und in die nächsten Gesetzesentwürfe einfließen. Auf Grundlage des Erfahrungsberichtes sollen Handlungsempfehlungen in Bezug auf den Ausbau Erneuerbarer Energien für Gesetzesänderungen benannt werden.[233] Weitere Berichtspflichten der Bundesregierung ergeben sich aus § 98 Abs. 1 EEG 2014. Somit hat die Bundesregierung dem Bundestag einen jährlichen Bericht vorzulegen. Dieser beinhaltet den Stand des Ausbaus der erneuerbaren Energien und die Erreichung der Ziele nach § 1 Abs. 2 EEG 2014, die Erfüllung der Grundsätze nach § 2 EEG 2014, den Stand der Direktvermarktung von Strom aus erneuerbaren Energien, die Entwicklung der Eigenversorgung im Sinne des § 61 EEG 2014 und die Herausforderungen, die sich aus den Nummern 1 bis 4 ergeben. Des Weiteren hat die Bundesregierung gem. § 98 Abs. 2 u. 3 EEG 2014 die Pflicht vor Erreichung des Ziels aus solarer Strahlungsenergie gem. 31 Abs. 6 EEG einen Vorschlag zur Neugestaltung zu machen sowie die EEG-Umlage für Letztverbraucher und Eigenversorger bei Bestandsanlagen zu überprüfen und einen Vorschlag zur Neugestaltung zu erarbeiten. Dieser jährliche Monitoringbericht ist Grundlage für den eben beschriebenen Erfahrungsbericht und soll zu einer sachgerechten und zielführenden Steuerung politischer Maßnahmen zur Förderung Erneuerbarer Energien führen. Auf Grundlage einer so erstellten verlässlichen Datenbasis ist es möglich, rechtzeitig auf sich abzeichnende Fehlentwicklungen zu reagieren.[234] Die dritte Berichtspflicht ergibt sich aus § 99 EEG 2014 und verpflichtet die Bundesregierung, den Bundestag über die Erfahrungen im Bereich der Pilotausschreibungen gem. § 55 EEG 2014 zu berichten und Handlungsempfehlungen für zukünftige Ausschreibungsverfahren zu geben. Zweck ist es, Erfahrungen im Bereich der Ermittlung der Vergütungshöhe über Ausschreibungen zu sammeln, da die Förderung der Erneuerbaren Energien in Deutschland durch ein Ausschreibungssystem erfolgen soll.[235]Durch § 86 EEG 2014 kann die zuständige Behörde als sanktionierende

[233] Vgl. Büllesfeld; Koch in Greb; Boewe (2016): Beck´scher Online-Kommentar, EEG, § 97 Rn. 4, beck-online.

[234] Vgl. Müggenborg in Frenz; Müggenborg; Cosack; Ekardt (2016): EEG, S. 1884.

[235]Vgl. Frenz; Müggenborg in Frenz; Müggenborg; Cosack; Ekardt (2016): EEG, S. 1890.

Maßnahmen Bußgelder erheben, wenn durch Vorsatz oder Fahrlässigkeit eine ordnungswidrige Handlung gem. den Vorschriften d. § 86 Abs. 1 Nr. 1 bis 4 EEG 2014 vorliegt. So kann beispielsweise ein Bußgeld gegen Anlagenbetreiber verhängt werden, die Strom entgegen § 80 EEG 2014 doppelt vermarkten oder gegen Auskunftspflichten verstoßen. Zweck dieser Regelung ist es, die betreffenden Regelungen durch die drohenden Bußgelder durchsetzen zu können.[236] Auf eine gesetzliche Kontrolle im Hinblick auf die korrekte Auszahlung der Netzbetreiber der finanziellen Förderung an die Anlagenbetreiber wurde verzichtet. Es ist davon auszugehen, dass die Anlagenbetreiber ein eigenes Anliegen zur Überprüfung der Auszahlungen haben.[237]

6.12 Zielerreichung

Nachdem in den vorherigen Kapiteln, die einzelnen Regelungen und Mechanismen des EEG 2014 beschrieben wurden, kann in einem nächsten Schritt die Erfolgsüberprüfung erfolgen. Damit dies möglich ist, muss zuerst definiert werden, welche Ziele mit dem EEG verfolgt werden sollen. Das Zieldreieck der nationalen Energiepolitik verfolgt die Punkte Versorgungssicherheit, Wirtschaftlichkeit und Umweltverträglichkeit[238] und lässt sich auch in den Zielbestimmungen des EEG wiederfinden. Neben diesem Zieldreieck, nennt das EEG 2014 auch quantitative Ausbauziele. Der Anteil Erneuerbarer Energien am Bruttostromverbrauch soll bis zum Jahr 2050 in Deutschland mindestens 80 Prozent betragen. Dies wird dazu führen, dass diese Technologien von einer Nischentechnologie zu einem Hauptenergieträger in der nationalen Energieversorgung heranwachsen werden. Hieraus lässt sich das Ziel und die Notwendigkeit ableiten, die Erneuerbaren Energien mehr und mehr in den Energiemarkt zu integrieren.[239] Ein weiterer wichtiger Aspekt, ist die

---

236 Vgl. Stenzel in Greb; Boewe (2016): Beck´scher Online-Kommentar, EEG, § 86 Rn. 1 – 2a, beck-online.

237 Altrock, Martin/Oschmann, Volker/Theobald, Christian (2008):, Erneuerbare-Energien-Gesetz Kommentar, S. 555.

238 Vgl. BMWi (2016): Gesetzesentwurf der Bundesregierung – EEG 2016, https://www.bmwi.de/Redaktion/ DE/Downloads /G/gesetzentwurf-ausschreibungen-erneuerbare-energien-aenderungen-eeg-2016.pdf?_blob=publicationFile&v=4, S. 172, zuletzt abgerufen am. 27.04.2017.

239 Vgl. Haucap; Klein; Kühling (2013): Die Marktintegration der Stromerzeugung aus Erneuerbaren Energien, S. 13.

Konformität mit dem Recht der Europäischen Union sowie mit dem Verfassungsrecht. Würde das Gesetz gegen europäisches oder nationales Recht verstoßen, wäre die Rechtssicherheit der Anlagenbetreiber nicht mehr gewährleistet.[240] Auf Basis dieser Zieldimensionen soll im Folgenden eine Einschätzung darüber erfolgen, inwieweit sich das EEG 2014 als ein erfolgreiches Förderinstrument darstellt. Das EEG 2014 trat am 01.08.2014 in Kraft und wurde am 01.01.2017 vom EEG 2017 abgelöst. Dementsprechend wird die Entwicklung der einzelnen Zieldimensionen bis Ende 2016 betrachtet.

6.12.1 Ausbauziel und Steuerbarkeit

Die quantifizierbaren Ausbauziele sind in § 1 Abs. 2 EEG 2014 zu finden. So soll gemäß dem EEG 2014 der Bruttostromverbrauch im Jahr 2050 bei mindestens 80 % liegen. Damit dieses Ziel und die in § 1 EEG 2014 benannten Zwischenziele, im Jahr 2025 40 bis 45 Prozent und im Jahr 2035 55 bis 60 Prozent Anteil am Bruttostromverbrauch zu halten, erreicht werden können, sollte der Anteil Erneuerbarer Energien am Bruttostromverbrauch im Jahr 2020 mindestens 35 % betragen. Im Jahr 2014 lag der Anteil Erneuerbarer Energien am Bruttostromverbrauch bei 27,4 Prozent. Mit Rückblick auf die Zeitperiode von 2008 bis 2014 bedeutet dies, einen stetigen Aufwärtstrend im Ausbau der Erneuerbarer Energien.[241] Und auch mit einem im Jahr 2014 betragenden Bruttoendenergieverbrauch von 13,5 % ist die gewünschte Steigerung auf 18 % bis zum Jahre 2020 als realistisch einzuschätzen. Spricht man vom Bruttoendenergieverbrauch, dann ist damit nicht nur der Anteil am Stromverbrauch gemeint, sondern die Endenergie die beim Letztverbraucher vor Abzug von Übertragungs- und Umwandlungsverlusten in den drei Sektoren Strom, Wärme und Verkehr ankommt. Im Jahr 2015 steigerte sich dieser Wert nochmals um 0,9 Prozent auf 14,9 Prozent. Auch der Bruttostromverbrauch legte von 2014 auf 2015 nochmals zu. Der Anteil Erneuerbarer Energien am Bruttostromverbrauch steigerte sich auf 31,6 Prozent. Betrachtet man den in den letzten Jahren stetig steigenden Ausbau von zwei bis vier Prozentpunkten zum Vorjahr, setzt das EEG ausreichende Investitionsanreize, um die Ausbauziele des EEG 2014 zu erreichen und erscheint als ein effektives Instrumentarium. Im Jahr 2008 lag der

[240] Vgl. Kapitel 6.1

[241] Vgl. Bundesministerium für Wirtschaft und Energie (2015): Die Energie der Zukunft, vierter Monitoringbericht zur Energiewende, S. 14.

Anteil erneuerbarer Energien am Bruttostromverbrauch noch bei 15,1 Prozent. Innerhalb von sechs Jahren hat sich der Anteil somit verdoppelt.[242] Der Erfolg des EEG im Bereich der Ausbauziele lässt sich auf die Hohe Planungs- und Investitionssicherheit der Anlagenbetreiber zurückführen. Durch die Abnahmegarantie und die feste Vergütung sind diese nicht dem üblichen Risiko ausgesetzt, dass der Strompreis Schwankungen unterlegen ist oder dass keine Abnehmer für den regenerativen Strom zu finden sind.[243]

Um eine möglichst kostengünstige Förderung des Ausbaus erneuerbarer Energien zu erreichen, wurde der Schwerpunkt im geplanten Ausbaukorridor des EEG 2014 bei Windenergie an Land und Photovoltaik gelegt.[244] Der Ausbaupfad legt fest, dass Windenergie an Land um eine installierte Netto-Zubau-Leistung von 2.500 MW pro Jahr und Photovoltaik um eine Brutto-Zubau-Leistung von 2.500 MW pro Jahr steigen soll. Im Jahr 2015 kam es im Bereich Windenergie an Land zu einem Zubau von insgesamt 3.623 MW installierter Leistung und überschritt den Ausbaupfad um über 1.000 MW. Die installierte Leistung von Photovoltaik blieb dafür mit 1.444 MW installierter Leistung um knapp 1.000 MW hinter dem Ausbaupfad. Im Vorjahr 2014 lag der Zubau bei Windenergie an Land bei 4.745 MW und bei Photovoltaik bei 1.900 MW. Auch im Jahr 2016 lag der Zubau von Windenergie an Land über 4.000 MW.[245] Der Zubau von Biomasseanlagen sollte gem. § 3EEG 2014 um bis zu 100 MW installierter Leistung erfolgen. Im Jahr 2014 lag die Zubaumenge bei 250 MW. Der Mechanismus des EEG 2014, der den Ausbau technologiespezifischer Erneuerbare Energieanlagen steuern soll, wird als Atmender Deckel bezeichnet. Dieser soll den Ausbau durch finanzielle Anreize steuern. Sollten die Ausbaukorridore überschritten werden, dann reduzieren sich die grundsätzlich unter einer gewissen Degression stehenden Fördersätze zusätzlich. Dies gilt für Windenergieanlagen an Land, für Photovoltaik und Biomasse. Für Windenergie an Land und Photovoltaik steigen die Fördersätze wiederum, wenn die Ausbaupfade unterschritten werden. Bei Biomasse ist das nicht der Fall. Für Windenergieanlagen auf See

---

242 Vgl. Bundesministerium für Wirtschaft und Energie (2016): Die Energie der Zukunft, fünfter Monitoringbericht zur Energiewende, S. 11 – 12.

243 Vgl. Kaptiel 6.2.1

244 Vgl. Kapitel 6.1.

245 Vgl. BWE (2016): Installierte Windenergieleistung in Deutschland, https://www.wind-energie.de/infocenter/ statistiken/deutschland/installierte-windenergieleistung-deutschland, zuletzt abgerufen am 18.04.2017.

vergibt die BNetzA Kapazitäten für die Netzanbindung und steuert so den Ausbau dieser Technologie. Im Vergleich zur Vorherigen EEG-Fassung wird die Förderung bestimmter Technologien somit nach oben begrenzt.[246] Die Überschreitungen im Windbereich und die Unterschreitungen der Ausbauziele im Photovoltaikbereich zeigen, dass das Steuerungsinstrument des Atemenden Deckels als nicht geeignet erscheint, den Zubau verlässlich zu gestalten und einen stabilen Ausbau nicht garantieren zu können. Dies ist allerdings für einen, mit dem Ausbau erneuerbarer Energien in Einklang stehender, effektiven Netzausbau notwendig. Weiterhin verursacht eine stetige Überschreitung der Ausbaupfade unnötige Mehrkosten.[247]

6.12.2 Kosteneffizienz

Die Förderung der Erneuerbaren Energien und der damit einhergehende, voranschreitende Ausbau dieser Energieträger ist mit hohen Kosten verbunden, die die Stromverbraucher durch die EEG-Umlage zu tragen haben. Diese Umlage ist in den letzten Jahren durch den schnellen Ausbau der regenerativen Energieträger stetig gestiegen und betrug im Jahr 2015 mit 6,17 Cent pro Kilowattstunde mehr als 20 Prozent der Stromkosten eines Drei-Personenhaushaltes.[248] Der Betrag, den die Verbraucher zu tragen haben, ist die Differenz aus den Prämienzahlungen bzw. Einspeisevergütungen an die Anlagenbetreiber und den Einnahmen aus dem Verkauf des regenerativen Stroms an der Strombörse. Im Jahr 2014 lagen die Kosten der EEG-Umlage bei 19,3 Milliarden Euro und stiegen zum Jahr 2015 auf 21,8 Milliarden Euro an.[249] Dementsprechend ist ein Ziel des EEG 2014 sowie der deutschen Energiepolitik einen möglichst kostengünstigen und effizienten Ausbau der erneuerbaren Energien voranzutreiben und bezahlbare Energiepreise für die Letztverbraucher sicherzustellen. Durch den Ausbau regenerativer Energien, werden Kosten durch die EEG-Umlage, durch den notwendigen Netzausbau und durch Vorhaltung von Regel-und Reservekraftwerke verursacht. Die Kostensteigerung der EEG-Umlage hat zum einen mit dem schnellen und unkontrollierten Ausbau der erneuerbaren Technologien zu tun. Wie in Kapitel 6.12.1 bereits beschrieben, hat sich

---

[246] Vgl. Kreuter-Kirchhof (2015): Die Rechtsmaßstäbe des EEG 2014 im Dienst von Klimaschutz, Kostenersparnis und Versorgungssicherheit, S.2 ff. in NVwZ, beck-online.

[247] Vgl. Gesetzesentwurf der Bundesregierung EEG 2017, S. 182.

[248] Vgl. Kreuter-Kirchhof (2015): Die Rechtsmaßstäbe des EEG 2014 im Dienst von Klimaschutz, Kostenersparnis und Versorgungssicherheit, S.2 ff in NVwZ, beck-online.

[249] Vgl. Bundesministerium für Wirtschaft und Energie (2016): Die Energie der Zukunft, fünfter Monitoringbericht zur Energiewende, S. 20.

der Anteil erneuerbarer Energien von 2008 bis 2015 verdoppelt. Durch jede Kilowattstunde, die an regenerativen Energien dazukommt, steigen auch die Kosten der EEG-Umlage.[250] Ein weiterer Faktor, der die Förderkosten ansteigen lässt, ist der Einspeisevorrang und die dadurch sinkenden Börsenstrompreise bzw. die daraus zeitweise resultierende negativen Preise. Grundsätzlich lässt sich sagen, dass je niedriger die Börsenpreise sind, desto größer ist auch die zu zahlende Differenz zwischen Vergütungssatz und dem Marktpreis, den man für den verkauften erneuerbaren Strom erhält. Demzufolge steigen auch die Förderkosten, die die Verbraucher zu tragen haben.[251] Der Börsenstrompreis am Energiemarkt wird durch das Kraftwerk mit den höchsten Grenzkosten gesetzt, welches noch zur Deckung der Energienachfrage benötigt wird. Es werden also zuerst die Kraftwerke zugeschaltet, die am günstigsten Strom produzieren können. Diese Einsatzreihenfolge nennt man Merit-Order.[252] Durch den Einspeisevorrang und die durch die EEG-Umlage zugesicherte Vergütung, haben die Betreiber von Anlagen aus erneuerbaren Energien keinen Anreiz weniger Strom in das Netz einzuspeisen, wenn die Stromnachfrage bereits gedeckt ist. So verdrängen die Erneuerbaren Energien viele teurere Kraftwerke und senken den Börsenpreis, bis hin dazu, dass sich gelegentlich auch negative Preise[253] einstellen. Diesen Vorgang nennt man auch Merit-Order- Effekt[254] Das EEG 2014 sieht hier einige neue Maßnahmen vor, die die Kosten der Förderung senken sollen.[255] Zum einen wäre hier die Steuerung der Fördermenge über technologiespezifische Ausbaupfade sowie die degressive Gestaltung der einzelnen Fördersätze zu nennen. Die Integrierung dieses sogenannten atmenden Deckels hatte wie in Kapitel 6.12.1 erläutert, eher mäßigen Erfolg.[256] Ein weiterer

---

250 Vgl. Bundesministerium für Wirtschaft und Energie (2015): Die Energie der Zukunft, vierter Monitoringbericht zur Energiewende, S. 16.

251 Vgl. Sondergutachten zur Energiewende der Monopolkommission gem. § 62 EnWG, S. 123 - 124.

252 Vgl. Gabler Wirtschaftslexikon: Merit OrderEffekt, http://wirtschaftslexikon.gabler.de/Definition/merit-order-effekt.html, zuletzt abgerufen am 20.04.2017.

253 Vgl. Kapitel 6.5.7.

254 Vgl. Monopolkommission (2013): Energie 2013: Wettbewerb in Zeiten der Energiewende, http://www.monopol kommission.de/images/PDF/SG/s65_volltext.pdf, S. 123 -124.

255 Vgl. Kreuter-Kirchhof (2015): Die Rechtsmaßstäbe des EEG 2014 im Dienst von Klimaschutz, Kostenersparnis und Versorgungssicherheit, S.2 ff. in NVwZ, beck-online.

256 Vgl. 6.12.1 und Kreuter-Kirchhof (2015): Die Rechtsmaßstäbe des EEG 2014 im Dienst von Klimaschutz, Kostenersparnis und Versorgungssicherheit, S.1 ff. in NVwZ, beck-online.

Punkt des EEG 2014, der die Kosten der EEG-Umlage senken sollte, war die verpflichtende Einführung der Direktvermarktung. Durch diese Direktvermarktung sind die Produzenten, wie bereits in Kapitel 6.5.3 beschrieben, verpflichtet einen Abnehmer für ihren Strom zu finden. Dadurch, dass diese Vermarktungsform sich an den durchschnittlichen Marktpreisen orientiert, erhalten die Anlagenbetreiber einen Anreiz ihre Stromeinspeisungen an die aktuelle Marktlage anzupassen, da die Betreiber in diesem Model die Möglichkeit haben Mehrerlöse zu generieren, wenn sie ihren Strom in Zeiten hoher Nachfrage anbieten. So sollen negative Preise am Markt verhindert werden, was gleichzeitig die Belastung der Verbraucher durch die EEG-Umlage reduzieren kann.[257] Das dadurch erzeugte marktkonforme Verhalten der Anlagenbetreiber wird sich langfristig positiv auf die Höhe der EEG-Umlage auswirken, da dies auch Auswirkungen auf die Börsenstrompreise hat.[258] Im Jahr 2015 wurde mit ca. 112 TWh Strom knapp 60 Prozent des erneuerbaren Stroms durch die Direktvermarktung gefördert.[259] Allerdings sind die Bestandsanlagen zu berücksichtigen, für die über 20 Jahre eine feste Einspeisevergütung zu zahlen ist und die einen Großteil der Kosten ausmachen.[260] Die Stunden negativer Börsenpreise stieg von 2008 von 15 Stunden bis 2012 auf 56 Stunden an. Hier sieht das EEG gem. § 24 EEG 2014 für gewisse Anlagen eine Reduzierung der Einspeisevergütung vor, wenn die negativen Preise eine gewisse Dauer anhalten.[261] Durch die Belastung der Eigenversorgung mit einer anteiligen EEG-Umlage, sollen die Kosten weiter gesenkt werden. Somit hat das EEG 2014 das Eigenstromprivileg zurückgenommen. Im EEG 2012 waren natürliche oder juristische Personen für den Strom, den sie zur Eigenversorgung verbrauchten, von der EEG-Umlage befreit. Bestandsanlagen und Kleinanlagen sind von dieser Regelung nicht betroffen.[262] Auch die geänderte Ausnahmeregelung für stromintensive Unternehmen[263], wodurch

[257] Kreuter-Kirchhof (2015): Die Rechtsmaßstäbe des EEG 2014 im Dienst von Klimaschutz, Kostenersparnis und Versorgungssicherheit, S.1 ff. inNVwZ, beck-online und Kapitel 6.5.3.

[258] Vgl. Lüdemann (2014): Direktvermarktung im EEG in EnWZ 2014, S. 387, beck-online.

[259] Vgl. Bundesministerium für Wirtschaft und Energie (2016): Die Energie der Zukunft, fünfter Monitoringbericht zur Energiewende, S. 19.

[260] Vgl. Lüdemann (2014): Direktvermarktung im EEG in EnWZ 2014, 387, beck-online.

[261] Vgl. Monopolkommission (2013): Energie 2013: Wettbewerb in Zeiten der Energiewende, http://www.monopol kommission.de/images/PDF/SG/s65_volltext.pdf, S. 140.

[262] Kreuter-Kirchhof (2015): Die Rechtsmaßstäbe des EEG 2014 im Dienst von Klimaschutz, Kostenersparnis und Versorgungssicherheit in NVwZ, beck-online.

[263] Vgl. Kapitel 6.8

gewisse Unternehmen eine reduzierte EEG-Umlage zahlen, soll die Förderkosten senken.[264] Die eben genannten Regelungen gelten für Anlagen, die nach dem 01.08.2014 in Betrieb genommen wurden. Aus Vertrauensschutzgründen hat der Gesetzgeber Bestandsanlagen aus diesen Regelungen weitestgehend herausgenommen. Die Kosten der Bestandsanlagen werden weiter einen wesentlichen Teil der Förderkosten ausmachen und eine Reduzierung der EEG-Umlage durch das EEG 2014 erschweren.[265] Allerdings ist in den Jahren 2014 bis 2016 eine Stabilisierung der EEG-Umlage spürbar. So sank die EEG-Umlage von 2014 auf das Jahr 2015 von 6,24 ct auf 6,17 ct, um dann im Jahr 2016 bei 6,35 ct anzukommen. Vergleicht man den Anstieg zwischen 2012 und 2014, ist hier noch ein deutlicher Anstieg von 3,59 ct auf 6,24 ct zu vermerken. Aber nicht nur die EEG-Umlage lässt die Kosten des Ausbaus mit regenerativen Energien sowie der Energiewende stetig steigen, sondern auch der dafür notwendige Netzausbau ist ein wichtiger Kostenfaktor. So wird durch den Ausbau Erneuerbarer Energien eine Transformation des Energiesystems notwendig. Zum einen war die auf konventionellen Kraftwerken basierende Energieversorgung eher zentralistisch aufgebaut. Durch die zunehmenden regenerativen Anlagen speisen nun viele kleinere Kraftwerke in das Erzeugungsnetz ein und konfrontiert das Versorgungssystem mit einer dezentralen Versorgungsstruktur. Dies zieht dementsprechende Netzausbaumaßnahmen nach sich. Auch eine Konzentration der Stromeinspeisung, in gewissen Regionen, z. B. durch die Windenergie an küstennahen Regionen, ist zu vermerken. Diese Vorgänge stellen besondere Anforderungen an die physische Struktur eines Versorgungsnetzes. Durch den unkontrollierten Ausbau ist eine Abstimmung bzw. Planung des Netzausbaues mit dem Ausbau Erneuerbarer Energien schwierig und führt zu hohen Netzausbaukosten. Diese werden in die vom Verbraucher zu zahlenden Netzentgelten berücksichtigt. Eine wirkliche Maßnahme, die dieses Problem lösen soll, bietet das EEG 2014 nicht.[266]

---

264 Kreuter-Kirchhof (2015): Die Rechtsmaßstäbe des EEG 2014 im Dienst von Klimaschutz, Kostenersparnis und Versorgungssicherheit in NVwZ, beck-online.

265 Vgl. Kreuter-Kirchhof (2015): Die Rechtsmaßstäbe des EEG 2014 im Dienst von Klimaschutz, Kostenersparnis und Versorgungssicherheit inNVwZ, beck-online.

266 Vgl. Monopolkommission (2013): Energie 2013: Wettbewerb in Zeiten der Energiewende, http://www.monopol kommission.de/images/PDF/SG/s65_volltext.pdf, S. 124.

6.12.3 Marktintegration

Aufgrund der ambitionierten Ziele des EEG 2014 bis zum Jahr 2050 einen Anteil von 80 Prozent der Erneuerbaren Energien an der Stromversorgung zu erreichen und die sich dadurch veränderte Rolle der Erneuerbaren Energien im deutschen Versorgungssystem, von einer anfänglichen Nischentechnologie hin zu einem Hauptenergieträger, machen es notwendig diese Technologien in den Energiemarkt zu integrieren. Sollte dies nicht gelingen, dann könnte dies ein Rückschritt für den liberalisierten, wettbewerbsorientierten Energiemarkt darstellen. Mit dem Förderinstrumentarium des EEG, wird durch die festen Vergütungssätze, die über 20 Jahre an die Anlagenbetreiber ausgezahlt werden ein eher planwirtschaftlicher Ansatz verfolgt, was den Betreibern allerdings eine hohe Planungs- und Investitionssicherheit garantiert. Das typische unternehmerische Risiko, welches Unternehmen auf wettbewerblichen Märkten zu tragen haben, entfällt somit und die Erneuerbaren Energien sind aus dem Wettbewerb herausgenommen. Dies hat in der Vergangenheit, aufgrund des dadurch resultierenden unkontrollierten Zubau der Erneuerbaren Energien und der nicht vorhandenen Anreizsetzung der Anlagenbetreiber auf die vorhandene Angebotssituation zu hohen Kostensteigerungen im Bereich der EEG-Umlage und auch im Bereich des Netzausbaus geführt.[267] Der Gesetzgeber ist sich dieses Problems bewusst. Da die Marktzutrittsbarrieren durch das EEG erfolgreich beseitigt wurden, rücken nun die Marktintegration sowie Kosteneffizienz dieser Stromerzeugung in den Fokus des Interesses.[268] Durch die festgelegten Vergütungen kam es dazu, dass die Gewinnmargen durch unterschiedliche Standortwahlen und Technologiedifferenzierungen, auch unterschiedlich hoch ausfielen und es zu Überförderungen einzelner Technologien kam. Besonders stark kam die Überförderung bei den Photovoltaikanlagen zum Tragen, die sowieso schon die teuerste Form der Erneuerbaren Energien darstellt. So kam es zu hohen Kostensteigerungen bei den Verbrauchern. Dieses Problem und die damit einhergehenden Kosten resultieren aus dem Fehlen des Wettbewerbes, der dazu geführt

---

267 Vgl. Haucap; Klein; Kühling (2013): Die Marktintegration der Stromerzeugung aus erneuerbaren Energien, S. 13 - 14.

268 Vgl. Kopp; Eßer-Frey; Engelhorn (2012): Können sich erneuerbare Energien langfristig auf wettbewerblich organisierten Strommärkten finanzieren?, Z Energiewirtschaft, Heft 36, S. 243 - 255, beck-online.

hätte, dass sich die effizienteste Technologie an dem effizientesten Standort herauskristallisiert hätte und die Kosten entsprechend geringer ausgefallen wären.[269]

Das EEG 2014 führt die verpflichtende Direktvermarktung ein, um die Erneuerbaren Energien weiter in den wettbewerblichen Markt zu integrieren.[270] Als ein weiterer Schritt wurde vom Gesetzgeber durch das EEG 2014 beschlossen, dass die Förderhöhe Erneuerbarer Energien ab 2017 wettbewerblich, durch Ausschreibungen zu ermitteln ist.[271] Durch die verpflichtende Direktvermarktung soll eine gewisse Flexibilisierung der regenerativen Erzeugungsanlagen am Strommarkt erfolgen. Die Betreiber sollen einen Anreiz erhalten, ihren Strom vor allen in Nachfragestarken Zeiten einzuspeisen und in nachfrageschwachen Zeiten die Einspeisung zu reduzieren.[272] Da Strom erst im geringen Maße speicherbar ist, ist dies vor allem für die fluktuierenden Energieträger wie Wind- und Solarstrom keine echte Alternative.[273] Eine Anpassung der Einspeiseleistung würde allerdings erfolgen, wenn die Strompreise im hohen Maße negativ sind, da sich die Marktprämie aus dem durchschnittlichen Marktpreis und den technologiespezifischen anzulegenden Werten ergibt. Durch die Regelung aus § 24 EEG 2014, der die Reduzierung der Vergütung auf null bestimmt, wenn die Strompreise in sechs aufeinanderfolgenden Stunden negativ sind, besteht in diesem Fall auch schon bei geringen negativen Preisen der Anreiz, die Einspeisung zu reduzieren. Hier wurde also ein Mechanismus integriert, der die Anpassung der Einspeiseleistung an Angebot und Nachfrage orientiert.[274] Zwar ist die Zahl der Jahresstunden der negativen Börsenpreise bis 2015 auf 56 Stunden angestiegen, allerdings ist dies im Vergleich zu den Gesamt-

---

269 Vgl. Haucap; Klein; Kühling (2013): Die Marktintegration der Stromerzeugung aus erneuerbaren Energien, S. 63 – 64.

270 Vgl. Herz; Valentin (2014): Direktvermarktung, Direktlieferung und Eigenversorgung nach dem EEG 2014 in EnWZ 2014, S. 358.

271 Vgl. BMWi (2016): Gesetzesentwurf der Bundesregierung – EEG 2016, https://www.bmwi.de/Redaktion/ DE/Downloads /G/gesetzentwurf-ausschreibungen-erneuerbare-energien-aenderungen-eeg-2016.pdf?__blob=publicationFile&v=4, S. 1, zuletzt abgerufen am. 27.04.2017.

272 Vgl. Brahms (2016): Die Integration der Erneuerbaren Energien im Strommarkt – die Direktvermarktung zwischen Mindestvergütung und freiem Markt, S. 519.

273 Lehnert (2012): Markt- und Systemintegration der Erneuerbaren-Energien: Eine rechtliche Analyse der Regeln zur Direktvermarktung im EEG 2012 in ZUR Heft 4, S. 18.

274 Vgl. Brahms (2016): Die Integration der Erneuerbaren Energien im Strommarkt – die Direktvermarktung zwischen Mindestvergütung und freiem Markt, S. 516 – 518.

Jahresstunden ein Mechanismus, der einen geringen Einfluss haben wird.[275] Eine wirkliche Flexibilisierung der Einspeiseleistung und Anpassung an die Nachfragesituation ist durch das Instrument der Direktvermarktung somit nicht zu verzeichnen.[276] Auch die Herstellung einer tatsächlichen Wettbewerbssituation ist durch die Regelungen der Direktvermarktung nicht gegeben, da diese weiterhin auf einer fest zugesagten Vergütung beruht.[277] Inwieweit demzufolge von einer fortschreitenden Marktintegration zu sprechen ist, bleibt zweifelhaft.

6.12.4 Versorgungssicherheit

Die deutsche Energiepolitik orientiert sich an dem Zieldreieck, die eine umweltschonende, möglichst kostengünstige und (versorgungs-)sichere Energieversorgung sicherstellen soll.[278] Durch das Gesetzespaket zur Energiewende wurde in Deutschland die Energiewende beschlossen und zieht eine Transformation des Energieversorgungssystems von einer zentralen Versorgung durch große Kraftwerke zu einer dezentralen Versorgung, die auf kleineren erneuerbaren Energie-Kraftwerken basiert, nach sich.[279] Ein zentrales Instrument für diesen Umbau des Versorgungssystems ist das EEG, welches dementsprechend auch mit dem Ziel der Versorgungssicherheit in Einklang stehen und eine verlässliche Energieversorgung garantieren muss.[280] Nach Rechtsprechung des BVerfG ist die Energieversorgung Teil der Daseinsvorsorge und stellt eine unerlässliche, für die Sicherung einer menschenwürdigen Existenz, öffentliche Aufgabe dar.[281] Versorgungssicherheit mit

---

275 Vgl. Monopolkommission (2013): Energie 2013: Wettbewerb in Zeiten der Energiewende, http://www.monopolkommis sion.de/images/PDF/SG/s65_volltext.pdf, S. 140, zuletzt abgerufen am 27.04.2017.

276 Vgl. Brahms (2016): Die Integration der Erneuerbaren Energien im Strommarkt – die Direktvermarktung zwischen Mindestvergütung und freiem Markt, S. 519.

277 Vgl. Kapitel 6.5.3.

278 Vgl. BMWi (2016): Gesetzesentwurf der Bundesregierung – EEG 2016, https://www.bmwi.de/Redaktion/ DE/Downloads /G/gesetzentwurf-ausschreibungen-erneuerbare-energien-aenderungen-eeg-2016.pdf?_blob=publicationFile&v=4, S. 172, zuletzt abgerufen am. 27.04.2017.

279 Vgl. BMWi (2016): Gesetzesentwurf der Bundesregierung – EEG 2016, https://www.bmwi.de/Redaktion/ DE/Downloads /G/gesetzentwurf-ausschreibungen-erneuerbare-energien-aenderungen-eeg-2016.pdf?_blob=publicationFile&v=4, S. 1, zuletzt abgerufen am. 27.04.2017.

280 Vgl. Kreuter-Kirchhof (2015): Die Rechtsmaßstäbe des EEG 2014 im Dienst von Klimaschutz, Kostenersparnis und Versorgungssicherheit, S.1 ff. in NVwZ, beck-online.

281 Vgl. BVerfGE 66, 248 (258) NJW 1984.

Energie besteht, wenn die Nachfrage jederzeit und an jedem Ort gedeckt werden kann. Dies gilt auch in Extremsituationen, also in Zeiten in denen die Nachfrage sehr hoch ist.[282] Neben der Vorhaltung von genügend Energie, bedeutet dies auch das Versorgungsnetz technisch verfügbar zu halten.[283] „Sicherheit bedeutet schließlich Ungefährlichkeit der Erzeugungs-, Transport- und Verteilungsanlagen für Menschen und Sachen."[284] Der Ausbau Erneuerbarer Energien stellt das Netzmanagement auch in Bezug auf die Gewährleistung der Versorgungssicherheit vor neue Herausforderungen. Zum einen ist Energie aus Wind und Sonne natürlichen Schwankungen unterlegen und zum anderen erfolgt die Verdrängung, aufgrund des Einspeisevorrangs, konventioneller Kraftwerke, die jedoch weiterhin zur Spitzenlastdeckung benötigt werden. Durch den verringerten Einsatz dieser Kraftwerke, wird es im Bereich konventioneller Kraftwerkskapazitäten zukünftig zu Investitionsproblemen kommen, obwohl diese Kraftwerke zur Sicherung der Versorgung benötigt werden.[285] Des Weiteren stellt der unstete und unkontrollierte Zubau der Erneuerbaren Energien das Netzmanagement vor neue Herausforderungen. So entstanden, durch die konzentrierte Einspeisung in den windreichen Küstenregionen durch Windenergie und die Schließung mehrerer Kernkraftwerke in Süddeutschland sowie unzureichende Übertragungskapazitäten von Nord- nach Süddeutschland, im Süden in der Winterzeit zu hohen Lasten.[286] Das EEG 2014 unternimmt mehrere Maßnahmen, um die Versorgungssicherheit in Deutschland zu vereinfachen. So müssen Anlagen gem. § 35 EEG 2014 fernsteuerbar sein, damit auf den Strombedarf flexibel reagiert werden kann. Um unter anderem auch die Planungssicherheit bei den konventionellen Kraftwerksbetreibern zu erhöhen, indem der Ausbau erneuerbarer Energien nicht mehr unstet, sondern vorhersehbar erfolgt.[287] Die Versorgungssicherheit in Deutschland gehört nach wie vor zu einer der sichersten im Vergleich zu anderen Ländern. So lag die Versorgungsunterbrechungsdauer je angeschlossenen Letztverbraucher im Jahr 2015 bei 12,7 Minuten.

---

282 Vgl. Kreuter-Kirchhof (2015): Die Rechtsmaßstäbe des EEG 2014 im Dienst von Klimaschutz, Kostenersparnis und Versorgungssicherheit, S.1 in NVwZ, beck-online.

283 Vgl. Theobald in Danner; Theobald (2016):Energierecht; § 1 EnWG Rn. 1.

284 Theobald in Danner; Theobald (2016):Energierecht; § 1 EnWG Rn. 1.

285 Vgl. Sondergutachten zur Energiewende der Monopolkommission gem. § 62 EnWG, S. 125.

286 Vgl. Kreuter-Kirchhof (2015): Die Rechtsmaßstäbe des EEG 2014 im Dienst von Klimaschutz, Kostenersparnis und Versorgungssicherheit, S.1 ff. in NVwZ, beck-online.

287 Vgl. Kreuter-Kirchhof (2015): Die Rechtsmaßstäbe des EEG 2014 im Dienst von Klimaschutz, Kostenersparnis und Versorgungssicherheit, S.1 ff. in NVwZ, beck-online.

Das Jahr 2014 liegt mit 12,28 Minuten auf dem gleichen Level. Der leichte Anstieg zum Vorjahr ist auf extreme Wettersituationen zurückzuführen. Somit lässt sich schlussfolgern, dass das EEG 2014 die Versorgungssicherheit in Deutschland nicht verschlechtert hat und diese auch weiterhin gewährleistet ist. Allerdings lässt sich feststellen, dass die Aufrechterhaltung der Netzstabilität mit einem zunehmenden Aufwand verbunden ist, der unter anderem auf den Ausbau erneuerbarer Energien zurückzuführen ist. Somit lässt sich ableiten, dass eine weitere Integration der erneuerbaren Energieträger in das Energieversorgungssystem verfolgt werden sollte, damit die Versorgungssicherheit langfristig gewährleistet ist.[288] Allerdings besteht auch die Möglichkeit, dass die Erneuerbaren Energien die Versorgungssicherheit langfristig sichern kann. In Hinblick auf die Endlichkeit der fossilen Energien sowie auf die Reduzierung der Importabhängigkeit, durch im eigenen Land erzeugten Erneuerbaren Stroms, wäre dies ein Faktor, der zu berücksichtigen ist und durchaus zur Versorgungsicherheit beitragen kann.[289]

6.12.5 Klimaschutz

Damit die Schäden des Klimawandels begrenzt werden können, sind die Treibhausgasemissionen drastisch zu reduzieren. Deutschland verfolgt das Ziel, bis zum Jahr 2020 mindestens 40 Prozent und bis zum Jahr 2050 mindestens 80 Prozent seiner Treibhausgase im Vergleich zum Jahr 1990 zu reduzieren. Weiterhin möchte Deutschland gem. dem Gesetzespaket zur Energiewende bis zum Jahr 2022 aus der Kernenergie aussteigen. Auch soll die Importabhängigkeit im Öl- und Gasbereich verringert werden. Ein wichtiger Baustein in diesem Klimaschutzvorhaben ist das EEG, da der Ausbau Erneuerbarer Energien wesentlich zu diesen Zielen beitragen soll.[290] Somit ist in § 1 EEG 2014 auch der Klima- und Umweltschutz als übergeordneter Zweck benannt worden, welches durch oder mit den vorher beschriebenen Zielen erreicht werden soll.[291] Im Vergleich zum Referenzjahr 1990 wurden bis

---

[288] Vgl. Bundesministerium für Wirtschaft und Energie (2016): Die Energie der Zukunft, fünfter Monitoringbericht zur Energiewende, S. 80.

[289] Vgl. Fraunhofer-Institut (2014): Wirkungen erneuerbarer Energien auf die Versorgungssicherheit, http://www.impres-projekt.de/impres-wAssets/docs/ImpRES_Energiesicherheit_Uebersicht-und-Vorgehensweise_v17.pdf, S. S.41 bis 47, zuletzt abgerufen am 27.04.2017.

[290] Vgl. Kreuter-Kirchhof (2015): Die Rechtsmaßstäbe des EEG 2014 im Dienst von Klimaschutz, Kostenersparnis und Versorgungssicherheit, S.1 ff. in NVwZ, beck-online.

[291] Vgl. Kapitel 6.1.

2015 über 908 Millionen Tonnen CO_2-Äquivalente eingespart. Prozentual ist das eine Reduktion um über 27 Prozent. Ein Großteil dieser Treibhausgase wird durch die Verbrennung fossiler Energiekraftwerke produziert. Im Jahr 2014 lag der Anteil energiebedingter Treibhausgasemissionen bei 85 Prozent. Der Rest teilt sich auf Landwirtschaft, Industrieprozesse und die Abfallwirtschaft auf. Im Vergleich zum Jahr 1990 wurden bis 2015 insgesamt 22 % weniger Treibhausgasemissionen durch fossile Energieträger emittiert.[292] Der Ausbau erneuerbarer Energien und dessen Einsatz im Strom-, Wärme-, und Verkehrssektor, tragen zu diesem Ergebnis bei, da die regenerativen Kraftwerke die konventionellen Energieträger ersetzen. So wurden im Jahr 2014 insgesamt 151 Millionen Tonnen CO_2 durch Erneuerbare Energien eingespart, wobei hiervon 110 Millionen Tonnen dem Stromsektor zurechenbar waren. Dementsprechend lässt sich der Effekt des Klimaschutzes durch das Vermeiden von Treibhausgasemissionen, durch den deutlich voranschreitenden Ausbau Erneuerbarer Energien, bestätigen. Auch das Fernziel, das im Jahre 2050 mindestens 80 Prozent des Bruttostromverbrauches aus erneuerbaren Energien bestehen soll, ist eine Bestätigung der mit der Energiewende verfolgten Ziele und somit auch des Klimaschutzes.[293] Der Ausbau Erneuerbarer Energien trägt somit einen wichtigen Teil zum Klimaschutz und zum Erreichen der Ziele der Energiewende bei und sollte weiterverfolgt werden. Allerdings ist darauf zu achten dies in einem gewissen Kontext zu sehen und das EEG nicht als alleiniges Instrument des Klimaschutzes anzusehen. Weitere Potentiale sind z. B. im Bereich der Energieeffizienzeinsparungen in privaten Haushalten oder in der Energieeffizienz von Gebäuden zu sehen und auch weiter zu verfolgen. Auch sollten im Bereich Verkehr und Wärmeversorgung zunehmend auf Erneuerbare Energien umgestellt werden.[294]

---

292 Vgl. Bundesministerium für Wirtschaft und Energie (2015): Die Energie der Zukunft, vierter Monitoringbericht zur Energiewende, S. 50. Und Bundesministerium für Wirtschaft und Energie (2016): Die Energie der Zukunft, fünfter Monitoringbericht zur Energiewende, S. 62 - 66.

293 Vgl. Kreuter-Kirchhof (2015): Die Rechtsmaßstäbe des EEG 2014 im Dienst von Klimaschutz, Kostenersparnis und Versorgungssicherheit, S.1 ff. in NVwZ, beck-online.

294 Vgl. Vgl. Gawel, Erik/Lehmann, Paul; Korte, Klaas; Strunz, Sebastian; Bovet, Jana; Köck, Wolfgang; Massier, Philipp; Löschel, Andreas; Schober, Dominik; Ohlhorst, Dörte; Tews, Kerstin; Schreus, Miranda; Reeg, Matthias; Wassermann, Sandra (2014): Die Zukunft der Energiewende in Deutschland, ZUR, S. 219, beck-online

6.12.6 Vereinbarkeit mit EU –Recht und Verfassungsrecht

Damit für das EEG 2014 Rechtssicherheit besteht und somit den Anlagenbetreibern eine gewisse Planungssicherheit gewährleistet werden kann, muss das Gesetz mit dem EU-Recht und dem nationalen Recht vereinbar sein.[295] Das Gesetz wurde am 23.07.2014 von der Europäischen Kommission als mit dem Gemeinsamen Markt gem. Art. 107 III c AEUV vereinbar erklärt und konnte somit wie geplant am 01.08.2014 in Kraft treten. Somit bestätigte die Europäische Kommission die Europarechtskonformität des EEG 2014.[296] Am 18.12.2013 leitete die Europäische Kommission ein förmliches Beihilfeprüfverfahren gegen das EEG 2012 ein, da diese beihilferechtliche Bedenken gegen das Vergütungssystem des EEG hatte.[297] Im Ergebnis des Prüfverfahrens kam die Kommission zu dem Schluss, dass die EEG-Vergütung als Beihilfe einzuordnen wäre, diese allerdings mit dem Gemeinsamen Markt vereinbar ist und somit die Leitlinien der Gemeinschaft für staatliche Umweltschutzhilfen 2008 eingehalten werden. Im Übrigen und vor allem in Bezug auf die besondere Ausgleichsregelung für stromintensive Unternehmen des bundesweiten Ausgleichsmechanismus, kommt die Kommission zu dem Ergebnis, dass das EEG eine Beihilfe darstellt, die nicht mit dem Gemeinsamen Markt vereinbar ist.[298] Die Bundesrepublik Deutschland reichte darauf Klage gegen diesen Eröffnungsbeschluss ein, da es sich nach dessen Meinung nicht um eine Beihilfe handelte. Dennoch hatte Deutschland das EEG 2014 gem. Art. 108 Abs. 3 AEUV i. V. m. Art. 2 VerfVO von der Europäischen Kommission zu notifizieren und ist damit auch der Gefahr aus dem Weg gegangen, dass gegen das EEG 2014 ein weiteres Beihilfeverfahren eingeleitet worden wäre. Wie bereits erwähnt, wurde das EEG 2014 von der Europäischen Kommission genehmigt, in einigen Fällen wurde diese allerdings limitiert. So wird die aktuelle Fördersystematik mit einer festen gezahlten Vergütung bis Ende 2016 gewährt. Danach ist die Vergütung wettbewerblich durch ein Ausschreibungssystem zu ermitteln. Die Begrenzung der EEG-Umlage für die Eigenversorgung der Bestandsanlagen ist bis 2017 genehmigt. Dann müssen diese

---

[295] Vgl. Kahle (2014): Die beihilfenrechtliche Genehmigung des EGG 2014 durch die europäische Kommission in NVwZ, S. 1563.

[296] Vgl. Hampel; Groth (2014): Der Abschluss des Beihilfeverfahrens gegen das EEG 2012 und seine Auswirkungen auf stromintensive Unternehmen in EnWZ, 451.

[297] Vgl. ABl. EU v. 07.02.2014, 73.

[298] Vgl. Kahle (2014): Die beihilfenrechtliche Genehmigung des EGG 2014 durch die europäische Kommission in NVwZ, S. 1563.

20 % der EEG-Umlage zahlen. Die Regelungen für energieintensive Unternehmen sowie kleine Anlagen gem. § 37 EEG 2014 wurden für zehn Jahre gewährt.[299] Weiterhin ist die Kommission der Auffassung, dass die EEG-Umlage als Beihilfe zu klassifizieren ist, da durch die Umlage staatliche Mittel gewährt werden. Laut der Kommission liegt dies bereits vor, wenn der Staat die Verfügungsgewalt über diese Mittel innehat. Hierfür wäre es ausreichend, wenn durch den Staat ein enger regulatorischer Rahmen vorgegeben wird und die privaten Unternehmen bestimmt, die diese Mittel zu verwalten haben. Die Europäische Kommission sieht diese Voraussetzungen für die Mechanismen des EEG erfüllt.[300] Dennoch ist die Kommission der Ansicht, dass das EEG mit dem Gemeinsamen Markt in Einklang stehe und genehmigte es im Juli 2014.[301] In Bezug auf das Beihilfeverfahren der Europäischen Kommission gegen das EEG 2012, hat diese am 25.11.2014 beschlossen, dass das EEG eine staatliche Beihilfe darstellt, diese aber mit dem europäischen Unionsrecht im Einklang stehen. Die Befreiung der stromintensiven Unternehmen wurde als staatliche Beihilfe klassifiziert und ist nicht mit Unionsrecht vereinbar. Die Nichtigkeitsklage, die Deutschland gegen diesen Beschluss eingereicht hatte, wurde vom EuG mit einem Urteil am 10.05.2016 zurückgewiesen. Dieser bestätigte somit die Auffassung der Europäischen Kommission. Die begünstigten Unternehmen müssen sich allerdings nur auf begrenzte Rückforderungen einstellen, da die Europäische Kommission der Ansicht war, dass die besondere Ausgleichsregelung für stromintensive Unternehmen nur zu einem geringen Teil mit dem EU-Recht unvereinbar sei.[302] Auch in Bezug auf die Vereinbarkeit des EEG mit dem deutschen Verfassungsrecht, lässt sich eine Rechtskonformität bejahen. Der BGH hat in einer Entscheidung die Rechtsauffassung des OLG Hamm bestätigt, das bei der EEG-Umlage keinen Verstoß gegen Art. 105 ff. GG erkennen konnte und diese dementsprechend auch keine Sonderabgabe mit Finanzierungsfunktion darstellt. Ein Textilunternehmen hatte eine Klage beim OLG Hamm eingereicht, da dieses die Ansicht vertritt,

299 Vgl. Kahle (2014): Die beihilfenrechtliche Genehmigung des EGG 2014 durch die europäische Kommission in NVwZ, S. 1563.

300 Vgl. Kahle (2014): Die beihilfenrechtliche Genehmigung des EGG 2014 durch die europäische Kommission in NVwZ, S. 1563.

301 Vgl. Kahle (2014): Die beihilfenrechtliche Genehmigung des EGG 2014 durch die europäische Kommission in NVwZ, S. 1563.

302 Vgl. VKU (2016): EuG bestätigt EU-Kommission: http://www.vku.de/finanzen-steuern/eug-bestaetigt-eu-kommission-eeg-2012-umfasste-staatliche-beihilfen.html?p=1, zuletzt abgerufen am 21.04.2017.

dass die EEG-Umlage verfassungswidrig sei, da es sich um eine Sonderabgabe mit Finanzierungsfunktion handeln würde. Das OLG Hamm sowie der BGH waren anderer Ansicht und klassifizierten die Umlage als gesetzliche Preisregelung.[303] Somit lässt sich eine Konformität des EEG 2014 mit dem EU- und Verfassungsrecht bestätigen.

6.12.7 Zusammenfassung der Zielerreichung

Zusammenfassend lässt sich sagen, dass das EEG 2014 einige neue Maßnahmen implementiert hat, um zu einer effektiven und effizienten Erreichung der oben genannten Ziele zu führen. Im Bereich der quantitativen Ausbauziele, lässt sich mit Blick auf die steigenden Zubauraten sagen, dass das EEG 2014 genügend Anreize zum Ausbau Erneuerbarer Energien gesetzt hat. Allerdings ließ sich der Ausbau, durch den Mechanismus des atmenden Deckels nicht punktgenau steuern, wodurch es vor allem im Bereich der Windenergie an Land zu deutlichen Überschreitungen der Ausbaupfade kam. Im Bereich Photovoltaik kam es zu Unterschreitungen der gewünschten Zubaumengen.[304] Im Bereich der Kosteneffizienz wurde eine Stagnierung der EEG-Umlage verspürt und drastische Kostenerhöhungen konnten verhindert werden. Ein Faktor, der einen kostensenkenden Einfluss auf die EEG-Umlage hat, ist die degressive Gestaltung der Vergütungssätze bzw. der anzulegenden Werte. Einen effektiven Mechanismus gegen den unkontrollierten Zubau der Erneuerbaren Energien sowie den sinkenden Börsenstrompreisen, die zu einer Erhöhung der EEG-Umlage führten, konnten durch das EEG 2014 nicht implementiert werden. Allerdings sollte die verpflichtende Direktvermarktung, aufgrund des dadurch marktkonformeren Verhaltens der Anlagenbetreiber, langfristig zu einer Entlastung der EEG-Umlage führen. Jedoch sind die Bestandsanlagen, die nicht von dieser Direktvermarktung erfasst werden, ein großer Kostenblock, der die Senkung der EEG-Umlage erschwert. Weiterhin sind die steigenden Netzkosten ein Problem, die durch den unkontrollierten Zubau der Erneuerbaren Energien entstehen.[305] Die Einführung der Direktvermarktung sollte dazu führen, dass Anlagenbetreiber ihre Einspeiseleistung der Nachfragesituation anpassen und somit einen wichtigen Beitrag zur Marktintegration beisteuern. Ein deutlicher

303 Vgl. BGH Urteil v. 25.06.2014, Az. VII ZR 169/13.

304 Vgl. Kapitel 6.12.1.

305 Vgl. Kapitel 6.12.2.

Effekt blieb aber aus.[306] Die Gewährleistung der Versorgungssicherheit der Energieversorgung wird durch den voranschreitenden Ausbau erschwert und vor große Herausforderungen gestellt. Der Ausbau erneuerbarer Energien ist dementsprechend besser mit dem Netzausbau zu koordinieren.[307] Dennoch ist darauf hinzuweisen, dass Erneuerbare Energien die Importabhängigkeit mindern können und im Vergleich zu konventionellen Energieträgern ressourcenschonend sind. Dies kann sich langfristig positiv auf die Versorgungssicherheit auswirken. Der Ausbau Erneuerbarer Energien durch das EEG 2014 trägt seinen Teil zum Klimaschutz bei, indem durch diesen Treibhausgasemissionen vermieden werden. Das EEG 2014 kann aber nicht als alleiniges Instrument des Klimaschutzes in Deutschland angesehen werden.[308] Die Vereinbarkeit mit dem EU- und dem Verfassungsrecht des EEG 2014 ist gegeben.[309]

306 Vgl. Kapitel 6.12.3.

307 Vgl. Kapitel 6.12.4.

308 Vgl. Kapitel 6.12.5.

309 Vgl. Kapitel 6.12.6.

7 Das EEG 2017 – Das Ausschreibungssystem

Nachdem nun der Fördermechanismus des EEG 2014 sowie dessen Erfolgspotential erläutert wurde, wir als nächstes das EEG 2017 und dessen Ausschreibungssystem dargestellt. Durch das EEG 2017 wurde das Fördersystem von gesetzlich festgelegten Vergütungen auf eine Ermittlung der Förderhöhe durch Ausschreibungen umgestellt. Durch diesen Systemwechsel sollen die quantitativen Ziele des EEG sowie eine kostengünstigere und sichere Energieversorgung, die zunehmend in den wettbewerblichen Energiemarkt integriert wird, weiter verfolgt werden.[310] Im Folgenden werden die wesentlichen Änderungen zum EEG 2014 dargestellt und anschließend eine Einschätzung über die Effizienz und Effektivität der neuen Regelungen gegeben.

7.1 Gesetzeszweck und Ziele des EEG 2017

Die Ziele des EEG 2017 sind genau wie im EEG 2014 im ersten Paragraphen angesetzt. Im Grundsatz bleibt der § 1 EEG weitestgehend unverändert. Weiterhin ist gem. § 1 EEG 2017 der Gesetzeszweck im Interesse des Klima- und Umweltschutzes eine nachhaltige Entwicklung der Energieversorgung zu ermöglichen, die volkswirtschaftlichen Kosten der Energieversorgung auch durch Einbeziehung langfristiger externer Effekte zu verringern, fossile Energieressourcen zu schonen und die Weiterentwicklung von Technologien zur Erzeugung von Strom aus erneuerbaren Energien zu fördern. Somit bleibt Abs. 1 und auch Abs. 3 des EEG 2017 sprachlich und inhaltlich gleich. Es handelt sich dementsprechend wie im Vorgänger Gesetz um eine Konkretisierung der Staatszielbestimmung des Umweltschutzes aus Art. 20 a GG und auch das Stufenverhältnis der benannten Ziele bleibt bestehen. Die quantitativen mittelfristigen und langfristigen Ausbauziele des § 1 Abs. 2 EEG 2017 verändern sich gegenüber des EEG 2014 auch nicht. Der neue Zusatz, dass der Ausbau netzverträglich erfolgen soll, wurde eingeführt, damit beim Aus-

[310] Vgl. BMWi (2016): Gesetzesentwurf der Bundesregierung – EEG 2016, https://www.bmwi.de/Redaktion/ DE/Downloads /G/gesetzentwurf-ausschreibungen-erneuerbare-energien-aenderungen-eeg-2016.pdf?_blob=publicationFile&v=4, S. 1, zuletzt abgerufen am 27.04.2017.

bau auch die für den Energieabtransport benötigten Netzkapazitäten berücksichtigt werden.[311] Das EEG 2014 wurde vor dem Hintergrund novelliert, dass deutsche Fördersystem auf ein Ausschreibungsmodell umzustellen. So wird die Vergütungshöhe zukünftig wettbewerblich ermittelt. Mit dieser Umstellung wird das Ziel verfolgt, den Ausbau von erneuerbaren Energien besser steuern zu können und eine höhere Marktintegration der der Erneuerbaren Energien zu erzielen. Weiterhin soll der Ausbau so besser mit der Netzausbauplanung abstimmbar sein. Das Ausschreibungssystem entspricht zudem den Anforderungen der Europäischen Kommission für eine marktnahe Förderung der regenerativen Energien.[312] Der Ausbaupfad, durch den die quantitativen Ziele des EEG 2017 erreicht werden soll ist in § 4 EEG 2017 formuliert. Mit ihm soll eine Synchronisation mit dem Netzausbau ermöglicht werden. Der Ausbaupfad für Windenergie auf See ändert sich im Vergleich zum EEG 2014 nicht. Somit soll bis zum Jahr 2020 6,5 GW und bis zum Jahr 2030 15 GW installierte Leistung vorhanden sein. Im Photovoltaikbereich erhöht sich der Ausbaupfad für große Solaranlagen um 100 MW auf insgesamt 2500 MW pro Jahr. Der Gesetzgeber begründet dies mit der Ausweitung des Ausschreibungssystems auf bauliche Anlagen und große Dachanlagen. Für Windenergie an Land wird bis 2020 eine installierte Leistung von 2800 MW jährlich und ab 2220 eine jährliche installierte Leistung von 2900 MW ausgeschrieben. Für Biomasse beträgt die jährlich zu installierende Leistung bis 2220 150 MW und ab 2220 sollen insgesamt 200 MW ausgeschrieben werden. Bei Windenergie an Land und Biomasse handelt es sich um Bruttowerte.[313]

---

311 Vgl. BMWi (2016): Gesetzesentwurf der Bundesregierung – EEG 2016, https://www.bmwi.de/Redaktion/ DE/Downloads /G/gesetzentwurf-ausschreibungen-erneuerbare-energien-aenderungen-eeg-2016.pdf?__blob=publicationFile&v=4, S. 219, zuletzt abgerufen am 27.04.2017 und Kapitel 8.1.

312 Vgl. BMWi (2016): Gesetzesentwurf der Bundesregierung – EEG 2016, https://www.bmwi.de/Redaktion/ DE/Downloads /G/gesetzentwurf-ausschreibungen-erneuerbare-energien-aenderungen-eeg-2016.pdf?__blob=publicationFile&v=4, S. 1, zuletzt abgerufen am 27.04.2017.

313 Vgl. BMWi (2016): Gesetzesentwurf der Bundesregierung – EEG 2016, https://www.bmwi.de/Redaktion/ DE/Downloads /G/gesetzentwurf-ausschreibungen-erneuerbare-energien-aenderungen-eeg-2016.pdf?__blob=publicationFile&v=4, S. 179, zuletzt abgerufen am 27.04.2017.

7.2 Grundsätze und Steuerungsinstrumente des EEG 2017

Die Ziele des EEG 2017 sollen genau wie die des EEG 2014 durch die festgeschriebenen Grundsätze des Gesetzes aus § 2 EEG erreicht werden. Weiterhin soll eine Integration ins Energieversorgungssystem der Erneuerbaren Energien erfolgen und der erneuerbare Strom durch Direktvermarktung in den Markt integriert werden. Eine geringe Förderkostenhöhe ist weiterhin vorgesehen. Die Förderhöhe des EEG soll nun gem. § 2 Abs. 3 EEG 2017 durch Ausschreibungen ermittelt werden. Die Grundsätze des § 2 EEG 2017 werden im Allgemeinen im Vergleich zum EEG 2014 gestrafft. Der Gesetzgeber begründet dieses Vorgehen damit, dass durch die Umstellung auf das Ausschreibungsmodell dieselbe Ausführlichkeit nicht mehr erforderlich sei.[314] Der Fördermechanismus ist im EEG 2017 nicht mehr wie im EEG 2014 die feste Vergütung oder die feste Marktprämie, sondern es wird die Förderhöhe durch Ausschreibungen ermittelt. Somit handelt es sich nicht mehr um einen aus dem Gesetz zugesicherten Wert, sondern um die Ermittlung durch wettbewerbliche Prozesse.[315] Der Strom aus erneuerbaren Energien wird demnach nur noch vergütet, wenn die Erzeugungsanlage einen Vergütungszuschlag aus dem Ausschreibungsmodell erhalten hat. Da ein bestimmtes Ausschreibungsvolumen festgesetzt wird, ist es möglich in einer Ausschreibungsrunde keinen Zuschlag zu erhalten. So ist anzunehmen, dass dies die Planungssicherheit der Projektierer verringert. Da das Bundesministerium für Wirtschaft und Energie den Wettbewerb in den Technologien Wasserkraft, Geothermie, Deponiegas, Klär- und Grubengas gering einschätzt, werden diese vom Ausschreibungssystem des EEG 2017 nicht erfasst, da hier eine Verringerung der Vergütungen durch Ausschreibungen nicht zu erwarten ist.[316] Gem. § 11 EEG 2017 bleibt die Abnahmegarantie des erneuerbaren Stroms bestehen.

---

314 Vgl. BMWi (2016): Gesetzesentwurf der Bundesregierung – EEG 2016, https://www.bmwi.de/Redaktion/ DE/Downloads /G/gesetzentwurf-ausschreibungen-erneuerbare-energien-aenderungen-eeg-2016.pdf?__blob=publicationFile&v=4, S. 219, zuletzt abgerufen am. 27.04.2017.

315 Vgl. Valentin; Ekardt (2015): Das neue Energierecht, S. 79.

316 Vgl. BMWi (2016): Gesetzesentwurf der Bundesregierung – EEG 2016, https://www.bmwi.de/Redaktion/ DE/Downloads /G/gesetzentwurf-ausschreibungen-erneuerbare-energien-aenderungen-eeg-2016.pdf?__blob=publicationFile&v=4, S. 1 bis 2, zuletzt abgerufen am 27.04.2017.

7.3 Anwendungsbereich, Förderungsgegenstand und Verpflichteter

Der örtliche Anwendungsbereich des EEG ergibt sich aus § 5 EEG 2017. Gem. § 5 Abs. 1 EEG 2017 ist das Gesetz für Anlagen anwendbar, die den erneuerbaren Strom im Staatsgebiet der Bundesrepublik Deutschland einschließlich der deutschen ausschließlichen Wirtschaftszone (Bundesgebiet) erzeugen. Diese Regelung ist gleichzusetzen mit dem § 4 EEG 2014. Der § 5 Abs. 2 S. 1 EEG 2017 beinhaltet unter bestimmten Voraussetzungen eine Öffnung der EEG-Förderung für ausländische Anlagen. So können 5 % der zu installierenden Leistung aus den Ausschreibungen für Anlagen, die in einem europäischen Mitgliedstaat errichtet wurden, bezuschlagt werden. Gem. § 5 Abs. 2 S. 2 EEG 2017 ist dies möglich für nationale Ausschreibungen, die für ausländische Anlagen geöffnet wurden und durch Ausschreibungen, die mit einem anderen oder mehreren Staaten durchgeführt werden. In § 5 Abs. 3 werden nunmehr die Voraussetzungen beschrieben, die bestehen müssen, damit eine geöffnete Ausschreibung zulässig ist. Um Doppelförderungen zu vermeiden und zu einer adäquaten Kosten- und Nutzenverteilung zwischen den Verhandlungspartnern zu gelangen, ist Voraussetzung ein völkerrechtlicher Vertrag oder ein Verwaltungsabkommen zwischen Deutschland und des anderen Mitgliedstaates. Weiterhin muss eine Kooperationsvereinbarung getroffen werden, die den Regelungen der EU-RL 2009/28/EG entspricht. Unter anderem ist zu regeln, wie die geförderte Strommenge auf die Ziele der Mitgliedstaaten angerechnet werden sollen. Auch muss der Grundsatz der Gegenseitigkeit gewahrt sein, so kann eine Öffnung des Fördersystems für ausländische Anlagen nicht allein durch Deutschland erfolgen. Der Strom muss physikalisch nach Deutschland importiert werden oder wenigstens einen vergleichbaren energiewirtschaftlichen Effekt haben, damit die deutschen Verbraucher durch die Förderung der ausländischen Anlagen einen Vorteil erhalten. Gem. § 5 EEG 2017 ist die Ausweitung des Anwendungsbereiches auch auf Anlagen außerhalb des Bundesgebietes bzw. die Ausnahme von Anlagen im Bundesgebiet von der Förderung, solange eine entsprechende Regelung durch eine Verordnung gem. § 88a EEG 2017 und eine völkerrechtliche Vereinbarung erfolgt.[317] Förderungsgegenstand ist gem. § 3 Nr. 21 EEG 2017 genau wie im EEG

[317] Vgl. BMWi (2016): Gesetzesentwurf der Bundesregierung – EEG 2016, https://www.bmwi.de/Redaktion/ DE/Downloads /G/gesetzentwurf-ausschreibungen-erneuerbare-energien-aenderungen-eeg-2016.pdf?__blob=publicationFile&v=4, S. 226 ff., zuletzt abgerufen am 27.04.2017.

2014 Wasserkraft, Windenergie, solare Strahlungsenergie, Geothermie und Energie aus Biomasse sowie einschließlich Biogas, Biomethan, Deponiegas und Klärgas. Auch als Verpflichteter zum Netzanschluss, Stromabnahme und Vergütung ist nach wie vor der Netzbetreiber in der Pflicht.[318]

7.4 Gesetzliches Schuldverhältnis

Die Regelung, dass es sich bei den Pflichten des Netzbetreibers gegenüber den Anlagenbetreibern um ein gesetzliches Schuldverhältnis handelt ist im EEG 2017 ebenfalls wie im EEG 2014 in § 7 EEG normiert. Gem. § 7 Abs. 1 EEG 2017 dürfen die Netzbetreiber ihre Verpflichtungen nach dem EEG immer noch nicht von einem Vertrag abhängig machen. Allerdings wurde die im EEG 2014 bestehende Regelung, dass grundsätzlich nicht zu Lasten des Anlagenbetreibers oder des Netzbetreibers abgewichen werden und sonst nur in bestimmten gesetzlichen Ausnahmen von diesem Grundsatz abgewichen werden darf, geändert. Nun ist eine Abweichung von § 7 Abs. 1 EEG 2017 grundsätzlich zulässig, wenn gewisse Voraussetzungen erfüllt werden. Gem. § 7 Abs. 2 Nr. 1 EEG 2017 müssen die abweichenden Regelungen klar und verständlich sein, gem. Nr. 2 darf kein Vertragspartner unangemessen benachteiligt werden, gem. Nr. 3 dürfen sie nicht zu höheren als im Teil 3 vorgesehenen Zahlungen führen und gem. Nr. 4 muss die Regelung mit den wesentlichen Grundgedanken der gesetzlichen Regelung von der abgewichen wird, vereinbar sein. Dem Gesetzgeber nach, hat die Abschaffung des Abweichungsgebot nicht automatisch eine Beeinträchtigung schutzwürdiger Interessen der Vertragsparteien zur Folge. Durch die vier grundsätzlichen Voraussetzungen, die ein Abweichen ermöglichen, wurde sichergestellt, dass die Vorschriften des EEG weiterhin die vertraglichen Beziehungen zwischen Energieerzeuger und Netzbetreiber prägen.[319]

7.5 Finanzielle Förderung

Auch im EEG 2017 ist die finanzielle Förderung der wichtigste Investitionsanreiz der regenerativen Anlagenbetreiber. Der nun durch das Ausschreibungsmodell zu ermittelnde anzulegende Wert, ist Basis für die Vergütung nach dem EEG. Die Regelungen und Voraussetzungen zur finanziellen Förderung werden im Folgenden näher betrachtet.

---

[318] Vgl. Kapitel 7.3.

[319] Vgl. Boehmke (2017): Die Regelungen des EEG 2017 im Überblick, S. 3 in NVwZ, Heft 1, beck-online.

7.5.1 Förderanspruch

Der Anspruch auf Zahlung der Marktprämie oder einer Einspeisevergütung der Anlagenbetreiber erneuerbarer Energien gegenüber dem Netzbetreiber, ist im EEG 2017 weiterhin in § 19 EEG geregelt. Allerdings wurden die näheren Regelungen zur Marktprämie in § 20 EEG 2017 und die zur Einspeisevergütung in § 21 EEG 2017 ausgegliedert. Weiterhin besteht gem. § 19 Abs. 2 EEG 2017 kein Förderanspruch, wenn vermiedene Netzentgelte in Anspruch genommen werden. Sollten Anlagenbetreiber einen Anspruch der Marktprämie oder Einspeisevergütung geltend machen, dann haben sie diese vermiedenen Netzentgelte an den Übertragungsnetzbetreiber nach § 57 Abs. 3 EEG zu zahlen, damit dies zu einer Reduzierung der EEG-Umlage führt.[320] Die wohl bedeutendste Änderung zum EEG 2014 ist wohl, dass der Förderanspruch zukünftig von einer erfolgreichen Teilnahme an dem im EEG 2017 geregelten Ausschreibungsverfahren abhängt. So erhält der Anlagenbetreiber nur noch einen finanziellen Förderanspruch, wenn er dem Netzbetreiber einen Zuschlag aus diesem Verfahren vorweisen kann.[321]

7.5.2 Dauer und Förderbeginn des Förderungsanspruchs

Aus § 25 EEG 2017 ergibt sich die Förderdauer und der Beginn des Förderanspruches. So sind Marktprämien oder Einspeisevergütungen nach dieser Norm jeweils für die Dauer von 20 Jahren zu zahlen. Bei Anlagen deren anzulegender Wert gesetzlich bestimmt wird, verlängert sich der Zeitraum bis zum 31. Dezember des zwanzigsten Jahres der Zahlung. Beginn der Frist ist, soweit sich nach den Bestimmungen des Gesetzes nichts anderes ergibt, der Zeitpunkt der Inbetriebnahme der Anlage. Im Vergleich zum EEG 2014 wurde der Zeitraum der Förderdauer für Anlagen die an den Ausschreibungen teilnehmen verkürzt, da die Förderdauer nicht mehr 20 Jahre zuzüglich des Inbetriebnahmejahres umfasst. Denn jetzt werden lediglich 20 Jahre ab Inbetriebnahme vergütet. Durch die vorherige Regelung kam es dazu, dass Anlagenbetreiber versuchten ihre Anlagen hauptsächlich am Jahresan-

320 Vgl. BMWi (2016): Gesetzesentwurf der Bundesregierung – EEG 2016, https://www.bmwi.de/Redaktion/ DE/Downloads /G/gesetzentwurf-ausschreibungen-erneuerbare-energien-aenderungen-eeg-2016.pdf?__blob=publicationFile&v=4, S. 230, zuletzt abgerufen am 27.04.2017 und Kapitel 6.5.1.

321 Vgl. Vollprecht; Altrock (2016): Die EEG-Novelle 2017: Von Ausschreibungen und zuschaltbare Lasten in EnWZ, S. 387.

fang in Betrieb zu nehmen. Für Anlagen, deren anzulegender Wert gesetzlich bestimmt wird, bleibt es bei einem verlängerten Vergütungszeitraum. Allerdings wird durch das EEG 2017 das Ende der Vergütungszeit verlängert.[322]

7.5.3 Finanzielle Förderung aus Direktvermarktung

Die im EEG eingeführte Direktvermarktungspflicht besteht im EEG 2017 fort. Gem. § 20 EEG 2017 hat ein Anlagenbetreiber Anspruch auf eine Marktprämie gegenüber dem Netzbetreiber, wenn er den erneuerbaren Strom selbst direkt vermarktet oder dies einem Dritten überlässt. Weiterhin besteht die Möglichkeit aus § 21a EEG 2017 der sonstigen Direktvermarktung, ohne eine Inanspruchnahme einer Zahlung nach § 19 EEG 2017.[323] Im Hinblick auf die Berechnung der Marktprämie, ist auf das Kapitel zum EEG 2014 dieser Ausarbeitung zu verweisen.[324]

7.5.4 Finanzielle Förderung aus Einspeisevergütung

Aus § 19 Abs. 1 Nr. 2 EEG 2017 ergibt sich ein Anspruch auf eine Einspeisevergütung nach § 21 EEG 2017. Genau wie im EEG 2014 erhalten Anlagenbetreiber die Einspeisevergütung, wenn es sich um Anlagen mit einer installierten Leistung kleiner 100 kW handelt oder sie die Ausfallvergütung in Anspruch nehmen. Die Ermittlung der anzulegenden Werte ergeben sich nach § 53 EEG 2017. Bei der Ausfallvergütung handelt es sich seit der Gesetzesänderung nun um eine zweistufige Ausgestaltung. Ein Anlagenbetreiber kann diese gem. § 21 Abs. 1 Nr. 1 EEG 2017 für die Dauer von drei aufeinanderfolgende Kalendermonate und insgesamt für sechs Kalendermonate pro Kalenderjahr in Anspruch nehmen. In diesem Fall verringert sich die Höhe der Einspeisevergütung um 20 Prozent. Sollte diese Dauer überschritten werden, fällt der anzulegende Wert auf den Monatswert zurück. Durch diese Begrenzung der Ausfallvergütung soll der Anreiz verringert werden, in der Ausfallvergütung zu verbleiben, um die Direktvermarktungspflicht zu umgehen. Dies soll der Marktintegration der erneuerbaren Energien zuträglich sein.[325]

---

322 Boemke (2017): Die Regelungen des EEG 2017 im Überblick, S. 4 in NVwZ, Heft 1, beck-online.

323 Vgl. Vollprecht; Altrock (2016): Die EEG-Novelle 2017: Von Ausschreibungen und zuschaltbare Lasten in EnWZ, S. 387.

324 Vgl. Kapitel 6.5.3.

325 Vgl. Vollprecht; Altrock (2016): Die EEG-Novelle 2017: Von Ausschreibungen und zuschaltbare Lasten in EnWZ, S. 387.

7.5.5 Wechsel zwischen den Verfahren

Der Wechsel zwischen den Verfahren ist in den §§ 21b und 21c EEG 2017 geregelt. Im Wesentlichen entsprechen sie der Vorgängerregelung aus dem EEG 2014. Genau wie im EEG 2014 ist auch bei der anteiligen Vergütung die Ausfallvergütung ausgeschlossen.[326]

7.5.6 Berechnung der Förderhöhe

Die Vergütungshöhe ergibt sich durch die Berechnung des anzulegenden Wertes. Dieser wird gem. § 22 Abs. 1 EEG 2017 durch die Bundesnetzagentur im Rahmen eines Ausschreibungsverfahrens, ermittelt. Die Preise werden durch Gebotspreisauktionen (pay-as-bid-auctions) ermittelt. Der Gesetzgeber sieht den § 22 EEG 2017 als Zentralnorm an, die für den veränderten Fördermechanismus hin zum Ausschreibungsmodel, gilt. Grundsätzlich wird der anzulegende Wert für alle Windenergieanlagen an Land und auf See, für alle Solaranalagen und alle Biogasanlagen durch dieses Verfahren ermittelt.[327] Der § 20 EEG 2017 benennt allerdings auch Ausnahmen. So sind Windenergieanlagen an Land und Solaranalgen, die eine geringere installierte Leistung als 750 kW haben, vom Ausschreibungsverfahren ausgeschlossen. Weiterhin ausgenommen sind Pilotwindenergieanlagen und sogenannte Übergangsanlagen, die vor dem 01.01.2019 in Betrieb gehen und dessen BImSchG-Genehmigung vor dem 01.01.2017 erfolgt ist. Dies gilt auch für Biogasanlagen mit einer geringeren installierten Leistung von 150 kW sowie größenunabhängig für Anlagen die vor dem 01.01.2019 in Betrieb gehen.[328] Die Freigrenzen erfolgten, um die Akteursvielfalt zu erhalten und kleine Anlagenbetreiber nicht den sich durch die Ausschreibung ergebene zusätzlichen Risiken und administrativen

---

326 Vgl. BMWi (2016): Gesetzesentwurf der Bundesregierung – EEG 2016, https://www.bmwi.de/Redaktion/ DE/Downloads /G/gesetzentwurf-ausschreibungen-erneuerbare-energien-aenderungen-eeg-2016.pdf?__blob=publicationFile&v=4, S. 235 und siehe Kapitel 6.5.5.

327 Vgl. Boemke (2017): Die Regelungen des EEG 2017 im Überblick, S. 4 in NVwZ, Heft 1, beck-online u. Mohr 2015) Ausschreibung der finaziellen Förderung von Strom aus erneuerbaren Energien in EnWZ, 2015 S. 99, beck-online.

328 Vgl. Vollprecht; Altrock (2016): Die EEG-Novelle 2017: Von Ausschreibungen und zuschaltbare Lasten in EnWZ, S. 387, beck-online.

Aufwand zuzumuten.[329] Da der Gesetzgeber für Wasserkraft, Deponie-, Klär- und Grubengas sowie Geothermie ein geringes Wettbewerbsniveau voraussetzt, wurden diese Technologien ebenfalls aus der wettbewerblichen Ermittlung des anzulegenden Wertes herausgenommen. Diese anzulegenden Werte wurden durch den Gesetzgeber bestimmt und ergeben sich somit gem. § 22 Abs. 6 nach den Regelungen der §§ 40 bis 49 EEG 2017.[330] Gem. § 22 Abs. 2 EEG 2017 ist für Windenergieanlagen an Land der Zuschlag Voraussetzung für den aus § 19 EEG 2017 ergebenen Zahlungsanspruch. Sollte der Zuschlag aus irgendwelchen Gründen entfallen, dann entfällt demzufolge auch der Vergütungsanspruch. Ist die tatsächlich installierte Leistung einer Anlage höher als der Zuschlag, besteht der Zahlungsanspruch nur in der Höhe des Zuschlages. Solaranlagen, die am Ausschreibungsverfahren teilnehmen, benötigen gem. § 22 Abs. 3 EEG 2017, um ihren Zahlungsanspruch nicht zu verlieren, neben dem Zuschlag eine Zahlungsberechtigung. Für Biomasseanlagen über 150 kW gilt gem. § 22 Abs. 4 EEG 2017 die gleichen Regelungen wie für Windenergieanlagen an Land. Für Windenergieanlagen auf See werden gem. § 22 Abs. 5 EEG 2017 Anlagen vom Ausschreibungsverfahren ausgenommen, die eine unbedingte Netzanschlusszusage oder Kapazitätszusage erhalten haben, als das EEG 2014 noch in Kraft war, und erhalten dementsprechend eine gesetzlich festgelegte Zahlung. Für Anlagen die ab dem Jahr 2021 in Betrieb gehen, gelten die Regelungen des Windenergie-auf-See-Gesetz. Auch Pilotwindenegieanlagen auf See bis zu 125 MW sind von dem Ausschreibungsverfahren ausgenommen.[331] Genauere Bedingungen, wie das Ausschreibungsmodell nach dem EEG 2017 zu erfolgen hat, ist in den §§ 28 bis 35a EEG beschrieben. Der § 28 EEG 2017 regelt z. B. den Ausschreibungsumfang, indem er für die betreffenden Energietechnologien die zu verschiedenen Zeitpunkten auszuschreibende installierte Leistung benennt. Für Windenergieanlagen an Land, wird somit gem. § 28 Abs. 1 EEG 2017 für das Jahr 2017 eine installierte Leistung von 2.800 MW, verteilt auf drei Gebotstermine, ausgeschrie-

---

[329] Vgl. BMWi (2016): Gesetzesentwurf der Bundesregierung – EEG 2016, https://www.bmwi.de/Redaktion/ DE/Downloads /G/gesetzentwurf-ausschreibungen-erneuerbare-energien-aenderungen-eeg-2016.pdf?__blob=publicationFile&v=4, S. 238, zuletzt abgerufen am 27.04.2017.

[330] Vgl. Vollprecht; Altrock (2016): Die EEG-Novelle 2017: Von Ausschreibungen und zuschaltbare Lasten in EnWZ, S. 387, beck-online.

[331] Vgl. BMWi (2016): Gesetzesentwurf der Bundesregierung – EEG 2016, https://www.bmwi.de/Redaktion/ DE/Downloads /G/gesetzentwurf-ausschreibungen-erneuerbare-energien-aenderungen-eeg-2016.pdf?__blob=publicationFile&v=4, S. 237 – 239, zuletzt abgerufen am 27.04.2017.

ben. Durch die §§ 29 bis 31 EEG 2017 werden Vorgaben gemacht, wie die Ausschreibungen bekannt gemacht werden, welche Anforderungen an Gebote bestehen und inwieweit Sicherheitszahlungen zu leisten sind. Das Verfahren nachdem die Zuschläge erfolgen, ergibt sich aus § 32 EEG 2017. Um die Gebote herauszufiltern, die einen Zuschlag erhalten, werden die eingegangenen Gebote aufsteigend sortiert. Kommt es dazu, dass Gebote einen identischen Gebotswert ausweisen, geht das Gebot mit der niedrigeren Gebotsmenge vor. Sollten Gebote denselben Gebotswert und eine identische Gebotsmenge aufweisen, dann wird ein Los entscheiden, welches Gebot ein Zuschlag erhält. In den weiteren §§ werden Regelungen zum Ausschluss von Geboten oder Bietern sowie zur Bekanntmachung von Zuschlägen durch die BNetzA benannt.[332]

Da sich wesentliche Änderungen der Ermittlung der Vergütungshöhe durch die Teilnahme am Ausschreibungsmodell ergeben, werden im Folgenden die relevanten Energietechnologien, Windenergie, Solarenergie sowie Biomasse, genauer beleuchtet. Die anzulegenden Werte für die vorher genannten Ausnahme-Technologien ergeben sich aus dem Gesetz und erfolgen im Grunde mit angepassten Degressionswerten wie im EEG 2014.

Windenergie an Land

Die §§ 36 bis 36 i EEG 2017 regeln spezielle Anforderungen, die Windenergieanlagen an Land erfüllen müssen, damit diese am Ausschreibungsverfahren teilnehmen können und ein Vergütungsanspruch nach dem EEG 2017 entstehen kann. So muss gem. § 36 Abs. 1 EEG 2017 die BImSchG-Genehmigung für eine Windkraftanlage mindestens drei Wochen vor dem Gebotstermin erteilt und an das Anlagenregister der Bundesnetzagentur als genehmigt gemeldet worden sein.[333] Gem. § 36a EEG 2017 beträgt die zu hinterlegende Sicherheit 30 €/kW. Der Höchstgebotswert liegt im Jahre 2017 bei 7,00 Cent pro Kilowattstunde, der sich auf den nach Anlage 2 Nr. 4 EEG 2017 Referenzstandort zu beziehen hat. Ab dem Jahr 2018 werden die Höchstwerte nicht mehr gesetzlich bestimmt, sondern ergeben sich aus den am

---

332 Vgl. Vollprecht; Altrock (2016): Die EEG-Novelle 2017: Von Ausschreibungen und zuschaltbare Lasten in EnWZ, S. 387, beck-online.

333 Vgl. BMWi (2016): Gesetzesentwurf der Bundesregierung – EEG 2016, https://www.bmwi.de/Redaktion/ DE/Downloads /G/gesetzentwurf-ausschreibungen-erneuerbare-energien-aenderungen-eeg-2016.pdf?_blob=publicationFile&v=4, S. 252, zuletzt abgerufen am 27.04.2017.

höchsten noch bezuschlagten Gebotswerten, aus den letzten drei Auktionsterminen. Dieser Durchschnittswert wird zusätzlich um 8 % erhöht.[334] Auf Grundlage des Gebotswertes, der sich immer auf den Referenzstandort zu beziehen hat, ermittelt der Netzbetreiber gem. § 36h EEG 2017 den anzulegenden Wert nach Anlage 2 Nr. 4 EEG 2017, mit Hilfe eines Korrekturfaktors. Im EEG 2014 bestand noch das zweistufige Referenzertragsverfahren[335], welches nun durch ein einstufiges Verfahren für die Windenergieanlagen an Land ersetzt wurde. Um den anzulegenden Wert zu ermitteln, benötigt man den Zuschlagswert des 100 % Referenzstandortes sowie den Gütefaktor des Standortes, an dem die Windkraftanlage errichtet werden soll. Der Gütefaktor am Referenzstandort beträgt somit 100 Prozent. Der Gütefaktor hängt zu großem Teil davon ab, wie die Windhöffigkeit an einem Standort ist. Den einzelnen Gütefaktoren wird ein bestimmter Korrekturfaktor zugewiesen. Das Gebot, welches bezuschlagt werden soll, muss sich immer auf den 100 % Referenzstandort beziehen. Um nun den anzulegenden Wert zu ermitteln multipliziert man den Zuschlagswert mit dem Korrekturfaktor des spezifischen Gütefaktors eines Standortes. Bei einem 70 % Standort wird der Zuschlagswert beispielsweise mit dem Korrekturfaktor 1,29 multipliziert und bei einem 110 % Standort mit dem Faktor 0,94.[336] Indem durch den Korrekturfaktor für windschwächere Standorte eine höhere Vergütung gezahlt wird, relativieren sich Ertragsausfälle und geben einen Anreiz, auch auf diesen Standorten Windkraftanlagen zu errichten, da ein wirtschaftlicher Betrieb der Anlage möglich ist.[337] Allerdings erhöht sich der Korrekturfaktor unter einer Grenze von 70 % nicht weiter und beträgt grundsätzlich den Wert 1,29. Auch oberhalb von 150 % bleibt der Korrekturfaktor bei 0,79. Hat der Anlagenbetreiber einen Zuschlag auf sein Gebot erhalten, dann hat er den Gütefaktor seines Anlagenstandortes bis spätestens einen Tag vor Inbetriebnahme gegenüber dem Netzbetreiber gutachterlich nachzuweisen. In § 36h Abs. 2 EEG 2017 wird festgelegt, dass der Gütefaktor des Standortes nach dem fünften,

---

[334] Vgl. Vollprecht; Altrock (2016): Die EEG-Novelle 2017: Von Ausschreibungen und zuschaltbare Lasten in EnWZ, S. 387, zuletzt abgerufen am 27.04.2017.

[335] Vgl. Kapitel 6.5.6.1.

[336] Vgl. BMWi (2016): Gesetzesentwurf der Bundesregierung – EEG 2016, https://www.bmwi.de/Redaktion/ DE/Downloads /G/gesetzentwurf-ausschreibungen-erneuerbare-energien-aenderungen-eeg-2016.pdf?__blob=publicationFile&v=4, S. 258, zuletzt abgerufen am 27.04.2017.

[337] Vgl. FGW (2017): Leitfaden zum Referenzertragsverfahren im Erneuerbare-Energien-Gesetz 2017, http://www.wind-fgw.de/Standortertrag/Leitfaden_zum_Referenzertragsverfahren_im_EEG2017.pdf, S. 1, zuletzt abgerufen am 28.07.2017.

zehnten und fünfzehnten Jahr, nach der Inbetriebnahme gutachterlich zu überprüfen sei, um so den neuen, aktuellen prognostizierten Standortertrag zu ermitteln. Dieser Ertrag wird ermittelt, indem nach Anlage 2 EEG 2017 die tatsächlich eingespeiste Strommenge mit gewissen, nicht eingespeisten Strommengen, obwohl die Windbedingungen vorhanden waren, zusammengerechnet und anschließend mit dem vorherigen Standortertrag verglichen. Sollte der neu berechnete Standortertrag mehr als 2 Prozent von dem vorherigen abweichen, fallen entweder entsprechende Erstattungs- oder Rückzahlungen an.[338] In Gebieten, in denen das Übertragungsnetz besonders stark überlastet sind, werden gem. § 36c EEG 2017 i. V. m. der nach § 88b EEG 2017 erlassenen Rechtverordnung Sonderregeln für Teilnahme an den Ausschreibungsrunden erlassen. In diesen sogenannten Netzausbaugebieten dürfen Zuschläge für Windkraftanlagen nur bis zu einer bestimmten Obergrenze erfolgen. Somit beträgt die Obergrenze gem. § 36 c Abs. 4 EEG 20117 pro Jahr 58 Prozent der installierten Leistung, die im Jahresdurchschnitt in den Jahren 2013 bis 2015 in diesem Gebiet in Betrieb genommen wurden. Alle Gebote, die diese installierte Leistung in dem Gebiet übersteigen, werden in der jeweiligen Ausschreibungsrunde nicht berücksichtigt.[339] Gem. § 36 g EEG 2017 werden für Bürgerenergiegesellschaften, die sich an einer Ausschreibungsrunde für Windenergie beteiligen, günstigere Regelungen geschaffen. Z. B. müssen diese zum Gebotstermin die BImSchG-Genehmigung noch nicht vorliegen haben und müssen im Voraus nur eine Sicherheit von 15 €/kW hinterlegen. Diese Regelung wurde vom Gesetzgeber geschaffen, um die Akteursvielfalt zu erhalten und die Akzeptanz von Windenergie an Land beizubehalten.[340] Gem. § 36 i EEG 2017 ergibt sich, dass der Förderzeitraum abweichend von § 25 EEG 2017 schon vor Inbetriebnahme beginnen kann und zwar spätestens 30 Monate nach Bekanntgabe des Zuschlages. Die §§ 36 d – e EEG 2017 regeln, wann ein Gebot von der Auktion ausgeschlossen wird und wann

---

338 Vgl. BMWi (2016): Gesetzesentwurf der Bundesregierung – EEG 2016, https://www.bmwi.de/Redaktion/ DE/Downloads /G/gesetzentwurf-ausschreibungen-erneuerbare-energien-aenderungen-eeg-2016.pdf?__blob=publicationFile&v=4, S. 259 – 260, zuletzt abgerufen am 27.04.2017.

339 Vgl. Vollprecht; Altrock (2016): Die EEG-Novelle 2017: Von Ausschreibungen und zuschaltbare Lasten in EnWZ, S. 387, beck-online..

340 Vgl. BMWi (2016): Gesetzesentwurf der Bundesregierung – EEG 2016, https://www.bmwi.de/Redaktion/ DE/Downloads /G/gesetzentwurf-ausschreibungen-erneuerbare-energien-aenderungen-eeg-2016.pdf?__blob=publicationFile&v=4, S. 256, zuletzt abgerufen am 27.04.2017.

ein Zuschlag erlöscht. So werden Gebote ausgeschlossen, wenn für eine Windkraftanlage bereits ein Zuschlag erteilt wurde. Sollte eine Anlage nach 30 Monaten nach Bekanntgabe des Zuschlages noch nicht in Betrieb sein, dann erlischt der Zuschlag, außer es besteht eine bestimmte Verlängerungsoption. Der Zuschlag bezieht sich auf die angegebene BImSchG und ist nicht übertragbar auf andere Genehmigungen oder Anlagen.[341]

Photovoltaik

Spezielle Anforderungen, die an Gebote für Solaranlagen gestellt werden, ergeben sich aus § 37 EEG 2017. Sollten diese Anforderungen nicht erfüllt sein, können auch kein wirksamer Zuschlag und kein Anspruch auf eine Vergütung des erneuerbaren Stromes entstehen. So ist anzugeben, auf welcher Fläche die Solaranlage errichtet werden soll. Von Art der Fläche wird abhängig gemacht, ob weitere Anforderungen bestehen oder nicht. Sollte sich die Solaranlage an, in oder auf einem Gebäude oder einer Lärmschutzwand befinden, bestehen keine weiteren Anforderungen an die Fläche. Auch sind keine weiteren Anforderungen gestellt, an Anlagen die auf sonstigen Gebäuden errichtet werden, die nicht dem Zweck der Stromerzeugung dienen. Sollte es sich jedoch um eine Freiflächenanlage handeln, so können diese nur auf den in § 37 Abs. 1 Nr. 3 EEG 2017 genannten Flächen errichtet werden. Hierzu zählen u. a. bereits versiegelte Flächen, Konversionsflächen aus militärischer, verkehrlicher, wohnungsbaulicher oder wirtschaftlicher Nutzung oder Flächen entlang von Schienenwegen oder Autobahnen. Eine Änderung zum EEG 2014 erlaubt die Bebauung unter bestimmten Voraussetzungen auf Grünland. Allerdings nur, wenn das zuständige Bundesland hierzu eine entsprechende Verordnungsermächtigung erlassen hat. Um mit einer Freiflächenanlage an einer Ausschreibung teilzunehmen, dürfen diese gem. § 37 Abs. 3 EEG 2017 nicht größer als 10 MW sein und es ist gem. § 37a EEG 2017 eine Erstsicherheit i. H. v. 50 €/kWp sowie eine Zweitsicherheit, bis spätestens zum zehnten Werktag nach Bekanntgabe des Zuschlages i. H. v. 45 €/kWp zu hinterlegen. Die Zweitsicherheit kann sich auf 20 €/kWp verringern, wenn der Genehmigungsstand gem. § 37 Abs. 3 EEG 2017 bis zu einem bestimmten Punkt fortgeschritten ist.[342] Diese Sicherheiten sind zu hinterlegen,

[341] Vgl. Vollprecht; Altrock (2016): Die EEG-Novelle 2017: Von Ausschreibungen und zuschaltbare Lasten, EnWZ, S. 387, beck-online.

[342] Vgl. Vollprecht; Altrock (2016): Die EEG-Novelle 2017: Von Ausschreibungen und zuschaltbare Lasten in EnWZ, S. 387, beck-online.

um eine hohe Realisierungsrate der Projekte zu erreichen. Die Hinterlegung der Sicherheit soll sicherstellen, dass nur Bieter mit ernsten Absichten an den Ausschreibungen teilnehmen, also nur solche die die Absicht haben die Anlage auch wirklich zu realisieren.[343] Gem. § 38 EEG 2017 erhalten Bieter, die einen Zuschlag erhalten haben eine Zahlungsberechtigung für die Solaranlagen. Diese muss rechtzeitig, 18 Monate nach Bekanntgabe des Zuschlages, vom Projektierer beantragt werden und auch die Zweitsicherheit muss fristgerecht entrichtet werden. Sollte dies nicht fristegerecht erfolgen, dann erlischt der Zuschlag. Sollte die Zahlungsberechtigung erst nach dem 18. Kalendermonat, nach Bekanntgabe des Zuschlages beantragt worden sein oder die im Gebot angegebenen Flurstücke nicht zumindest teilweise mit dem Standort übereinstimmen, verringert sich der anzulegende Wert um 0,3 Cent/kwh. Die zu zahlenden Pönalen aufgrund von Verstößen ergeben sich aus § 55 Abs. 3 EEG 2017. Der Höchstgebotswert für Solarenergie beträgt 8.91 Cent pro Kilowattstunde und ist einer nach § 49 Abs. 1 Nr. 4 EEG 2017 Degression unterlegen.[344]

Biomasse

Für Biogasanlagen hat der Gesetzgeber eine Sonderregelung erlassen. Und zwar dürfen Bestandsanlagen, die vor dem 01.01.2017 in Betrieb gingen gem. § 39f EEG 2017 an Ausschreibungen teilnehmen, wenn die restliche Förderdauer nicht mehr als acht Jahre besteht. Der Gesetzgeber kam zu dieser Regelung, weil für gewisse Bestandsanlagen vor Ablauf der 20-jährigen Förderdauer ein erheblicher Investitionsbedarf entstehe und wollte somit eine Zahlungsperspektive für diese Anlagenbetreiber schaffen.[345] Damit Biogasanlagen für das Ausschreibungssystem des EEG 2017 zugelassen werden und somit ein Vergütungsanspruch durch einen Zuschlag entstehen kann, müssen die besonderen Voraussetzungen der §§ 39 bis 39h EEG 2017 erfüllt sein. So muss die BImSchG-Genehmigung bzw. die jeweilige benötigte Genehmigung mindestens drei Wochen vor dem Gebotstermin erteilt worden sein. Weiterhin darf die Biogasanlage noch nicht in Betrieb sein, wenn der Zuschlag noch

343 Vgl. BMWi (2016): Gesetzesentwurf der Bundesregierung – EEG 2016, https://www.bmwi.de/Redaktion/ DE/Downloads /G/gesetzentwurf-ausschreibungen-erneuerbare-energien-aenderungen-eeg-2016.pdf?_blob=publicationFile&v=4, S. 262, zuletzt abgerufen am 27.04.2017.

344 Vgl. Vollprecht; Altrock (2016): Die EEG-Novelle 2017: Von Ausschreibungen und zuschaltbare Lasten in EnWZ, S. 387, zuletzt abgerufen am 27.04.2017.

345 Vgl. BT-Drs. 18/8860, S. 223 ff.

nicht erteilt wurde.[346] Damit der Strom aus Biomasse auch förderfähig ist, muss es sich gem. § 22 Abs. 4 S. 1EEG 2017 um Strom handeln, der aus Biomasse gewonnen wird, die i. S. d. Biomasseverordnung erzeugt wurde. Hier wird auf die jeweilige Fassung zum Zeitpunkt des Zuschlages abgestellt, damit Änderungen der Verordnung keinen negativen Einfluss auf die Förderfähigkeit der bezuschlagten Anlage haben. Anlagen kleiner 150 kW sind von dieser Regelung ausgenommen.[347] Um am Ausschreibungsverfahren teilnehmen zu können, muss die Anlage gem. § 39 Abs. 4 EEG 2017 kleiner als 20 MW sein. Die Höhe der Sicherheitsleistung ergibt sich aus § 39 a EEG 2017 und beträgt 60/kW zu installierender Leistung. Der zu bietende Höchstwert beträgt im Jahr 2017 14,88 Cent/kWh und beträgt einen Degressionssatz von 1 % pro Vorjahreswert. Gem. § 39 d EEG 2017 beträgt die Errichtungsfrist 24 Monate nach Bekanntgabe des Zuschlages, damit dieser nicht erlischt. Unter bestimmten Bedingungen, z. B. bei einem Rechtsbehelf Dritter, kann diese Frist durch die BNetzA verlängert werden. Dies allerdings nicht länger als die Dauer der Genehmigung. Gem. § 39 e EEG 2017 ist ein Zuschlag Anlagen- und Genehmigungsbezogen, nicht übertragbar und verbindlich, dauerhaft zugeordnet. Eine Änderung der Genehmigung ist dahingegen unschädlich für den Zuschlag. In § 39h EEG 2017 hat der Gesetzgeber eine Höchstbemessungsleistung integriert, die bei Überschreitung dazu führen kann, dass sich die Marktprämie auf null oder den Monatsmarktwert reduziert. Gem. § 55 Abs. 4 EEG 2017 sind Pönalen an den Netzbetreiber zu leisten, wenn mehr als fünf Prozent einer Gebotsmenge gem. § 35a EEG 2017 entwertet wurde oder wenn die Frist für die Inbetriebnahme nicht eingehalten wird.[348] Für Biomasseanlagen besteht weiterhin, wie im EEG 2014, die Möglichkeit die Flexibilitätsprämie gem. §§ 50 ff. EEG 2017 in Anspruch zu nehmen.[349]

Technologieoffene Ausschreibungen

Gem. § 39i EEG 2017 hat die BNetzA in den Jahren 2018 bis 2020 gemeinsame Ausschreibungen für Solaranlagen und Windenergieanlagen an Land durchzuführen. Die Voraussetzungen zu denen diese Ausschreibungen zu erfolgen haben, werden

---

346 Vgl. Vollprecht; Altrock (2016): Die EEG-Novelle 2017: Von Ausschreibungen und zuschaltbare Lasten in EnWZ, S. 387, zuletzt abgerufen am 27.04.2017.

347 Vgl. Boemke (2017): Die Regelungen des EEG 2017 im Überblick inNVwZ, Heft 1, S. 6, beck-online.

348 Vgl. Vollprecht; Altrock (2016): Die EEG-Novelle 2017: Von Ausschreibungen und zuschaltbare Lasten in EnWZ, S. 387, beck-online.

349 Vgl. Boemke (2017): Die Regelungen des EEG 2017 im Überblick in NVwZ, Heft 1, S. 6, beck-online.

in einer Rechtsverordnung nach § 88c EEG 2017 genauer definiert, die bis spätestens 01.05.2018 erlassen wird. Gem. § 39i Abs. 2 EEG 2017 ist sicherzustellen, dass diese Ausschreibungen kosteneffizient erfolgen, dass ein hinreichend diversifizierter Zubau und die Erreichung der Ausbauziele erfolgen soll und Anreize für eine optimale System- und Netzintegration gesetzt werden. Auf Basis der Erfahrungen in den Jahren 2018 bis 2020, schlägt die Bundesregierung entweder vor, dass gemeinsame Ausschreibungen auch im Jahr 2021 erfolgen sollen oder eben nicht. Durch diese Regelung kommt die Bundesregierung einer Forderung nach technologieoffenen Ausschreibungen der Europäischen Kommission nach. Vor allem die Vorgabe des hinreichend diversifizierten Zubau lässt andeuten, dass sich die günstigere Technologieart durchsetzen wird und die andere dadurch verdrängt. Allerdings lässt diese Regelung auch die Frage nach der Sinnhaftigkeit dieser offenen Ausschreibung zu. Jedoch ist ein diversifizierter Zubau von Erneuerbaren Energien für die Versorgungssicherheit elementar, da hierfür zu jeder Jahres- und Tageszeit genügend Strom ins Netz eingespeist werden muss.[350]

Vergütung von Strom aus mehreren Anlagen

Im Grundsatz bestehen die Regelungen des EEG 2014 fort. Die Regelungen zur Vergütung von Strom aus mehreren Anlagen ergeben sich aus § 24 EEG 2017. Im Gegensatz zum EEG 2014 können Solaranlagen nach § 48 Abs. 2 EEG 2017 und Freiflächenanlagen nicht zusammengefasst werden, da hier verschiedene Vergütungsstrukturen vorhanden sind.[351]

7.5.7 Änderung der Vergütungshöhe

Auch im EEG 2017 sind die Gründe, die die Vergütungshöhe verändern können in § 23 Abs. 3 EEG aufgelistet. Der Absatz regelt auch, in welcher Reihenfolge diese Regelungen anzuwenden sind. Liegen mehrere Gründe für eine Absenkung vor, kann sich der Wert auch mehrfach verringern, allerdings nicht kleiner als null sein. Ein, im Vergleich zum EEG 2014, neuer Absenkungsgrund ist die Reduzierung des

350 Vgl. Vollprecht; Altrock (2016): Die EEG-Novelle 2017: Von Ausschreibungen und zuschaltbare Lasten in EnWZ, S. 387, beck-online.

351 Vgl. BMWi (2016): Gesetzesentwurf der Bundesregierung – EEG 2016, https://www.bmwi.de/Redaktion/ DE/Downloads /G/gesetzentwurf-ausschreibungen-erneuerbare-energien-aenderungen-eeg-2016.pdf?__blob=publicationFile&v=4, S. 241, zuletzt abgerufen am 27.04.2017.

Zahlungsanspruches für eine gewisse Strommenge, wenn Anlagenbetreiber Regionalnachweise[352] in Anspruch nehmen.[353]

7.6 Netzanschlusspflicht

Gem. § 8 EEG 2017 besteht genau wie im EEG 2014 als weitere Pflicht des Netzbetreibers, der unverzügliche, vorrangige Netzanschluss von Erzeugungsanlagen aus erneuerbaren Energien. Die Regelungen zum Netzanschluss sowie die Kostenübernahme des Netzanschlusses sowie die Kosten bei einer Kapazitätserweiterung haben sich durch die EEG-Novelle nicht wesentlich geändert und bleiben bestehen. Somit ist hier auf die Ausführungen des Kapitels 6.6 zu verweisen.[354]

7.7 Abnahme- und Übertragungspflicht

Die Abnahme- und Übertragungspflicht ergibt sich genau wie im EEG 2014 aus § 11 EEG. Somit ist der Netzbetreiber weiterhin verpflichtet vorbehaltlich des § 14 EEG den Strom aus erneuerbaren Energien oder Grubengas unverzüglich, vorrangig physikalisch abzunehmen, zu übertragen und diesen zu verteilen. Auch bei dieser Förderreglung kam es zu keinen Änderungen durch das EEG 2017. Die genauen Regelungen und Hintergründe, die bereits im Kapitel 6.7 erläutert wurden, finden dementsprechend weiterhin Anwendung.[355]

7.8 Ausgleichsmechanismus

Auch der in den §§ 56 ff. EEG 2017 geregelte Ausgleichsmechanismus und die Umwälzung der Förderkosten auf die Letztverbraucher ist grundsätzlich in Hinblick auf das EEG 2014 unverändert geblieben.[356]

---

352 Vgl. Kapitel 7.8.

353 Vgl. BMWi (2016): Gesetzesentwurf der Bundesregierung – EEG 2016, https://www.bmwi.de/Redaktion/ DE/Downloads /G/gesetzentwurf-ausschreibungen-erneuerbare-energien-aenderungen-eeg-2016.pdf?__blob=publicationFile&v=4, S. 281, zuletzt abgerufen am 27.04.2017.

354 Vgl. Kapitel 6.6.

355 Vgl. Kapitel 6.7.

356 Vgl. Kapitel 6.8.

7.9 Herkunftsnachweise

Auch das EEG 2017 sichert den Anlagenbetreibern, die den Zahlungsanspruch gem. der §§ 19 oder 50 EEG 2017 nicht in Anspruch genommen haben, Herkunftsnachweise zu. Die Norm regelt weiterhin, wann Herkunftsnachweise ausgeschlossen sind und es soll eine Doppelvermarktung verhindert werden.[357] Im EEG 2017 wurde der § 79a EEG 2017 neu eingeführt, der die Möglichkeit bietet dem erneuerbaren Strom mit einem regionalen Herkunftsnachweis zu bestücken. Gem. § 79a EEG 2017 stellt das Umweltbundesamt Anlagenbetreibern auf Antrag Regionalnachweise für gem. § 20 EEG 2017 vermarkteten Strom aus erneuerbaren Energien aus. Ein EVU, welches diese Option in Anspruch nimmt, kann so ausweisen welcher Stromanteil aus regenerativen Energien im regionalen Zusammenhang und zwar in einem Umkreis von 50 km zum jeweiligen Endkunden erzeugt wurde. Der Gesetzgeber verfolgt damit das Ziel, die regionale Akzeptanz der Energiewende zu erhöhen. Den Stromverbrauchern wird eine neue Identifikationsmöglichkeit mit den vor Ort stehenden Erneuerbaren Erzeugungsanlagen angeboten.[358]

7.10 Streitbeilegung Clearingstelle

Genau wie im EEG 2014 wurde gem. § 81 EEG 2017 eine Clearingstelle zur Vermeidung und Schlichtung von Streitigkeiten eingerichtet. In diesem Bereich gibt es keine großen Veränderungen, deswegen wird auf das Kapitel 6.10 zum EEG 2014 verwiesen.[359]

7.11 Kontroll- und Sanktionsmechanismus

Die Berichtspflichten der Bundesregierungen bleiben aus den §§ 97 und 98 EEG weiterhin bestehen. Da durch das EEG 2017 das Ausschreibungssystem eingeführt wurde, ist der § 99 EEG bzgl. des Erfahrungsberichtes zu den Pilotausschreibungen

---

357 Vgl. BMWi (2016): Gesetzesentwurf der Bundesregierung – EEG 2016, https://www.bmwi.de/Redaktion/ DE/Downloads /G/gesetzentwurf-ausschreibungen-erneuerbare-energien-aenderungen-eeg-2016.pdf?__blob=publicationFile&v=4, S. 293, zuletzt abgerufen am 27.04.2017.

358 Vgl. BMWi (2016): Gesetzesentwurf der Bundesregierung – EEG 2016, https://www.bmwi.de/Redaktion/ DE/Downloads /G/gesetzentwurf-ausschreibungen-erneuerbare-energien-aenderungen-eeg-2016.pdf?__blob=publicationFile&v=4, S. 294, zuletzt abgerufen am 27.04.2017.

359 Vgl. Kapitel 6.10.

entfallen. Es ergeben sich weiterhin aus § 86 EEG Bußgeldvorschriften, die vorsätzliches oder fahrlässiges Handeln sanktionieren.[360] Im Gegensatz zum EEG 2014 wird im EEG 2017 mit Pönalen gearbeitet. Dies ist dem Systemwechsel hin zum Ausschreibungssystem zu schulden. Durch die drohenden Strafzahlungen soll z. B. die Ernsthaftigkeit der Gebote bewirkt werden und es wird dadurch eine möglichst hohe Realisierungsrate verfolgt. So sollen nur Bieter an einer Auktion teilnehmen, die auch wirklich eine Anlage errichten wollen.[361]

7.12 Zielerreichung

Wie in den vorherigen Kapiteln beschrieben, wurde das Fördersystem des EEG auf Ausschreibungen umgestellt und hat dadurch weitreichende Änderungen erfahren. Das die Zahlungsansprüche durch das EEG spätestens ab 2017 durch Ausschreibungen ermittelt werden, wurde bereits im EEG 2014 festgelegt. Die Ausbauziele, die Ziele Klimaschutz, Kosteneffizienz, Versorgungssicherheit und Marktintegration wurden beibehalten. Durch die im EEG 2017 vorgenommenen Änderungen sollen diese Ziele weiterverfolgt werden. Vor allem sollen sich die Kosten des Fördersystems weiter senken und die notwendige Marktintegration der Erneuerbaren Energien voranschreiten.[362] Da das EEG 2017 erst seit Kurzem in Kraft ist, erscheint eine Zielüberprüfung anhand von Kennzahlen, wie z. B. der veränderte Anteil erneuerbarer Energien, im Vergleich zum EEG 2014, nicht sinnvoll. Um eine Aussage darüber zu treffen, ob die Änderungen des EEG 2017 eine positive bzw. negative Auswirkung auf die o. g. Ziele haben werden, wird im Folgenden auf die Erfahrungen aus den im EEG 2014 durchgeführten Pilotausschreibungen im Solarbereich sowie auf Erfahrungen anderer Länder, zurückgegriffen.

360 Vgl. Kapitel 6.11.

361 Vgl. BMWi (2016): Gesetzesentwurf der Bundesregierung – EEG 2016, https://www.bmwi.de/Redaktion/ DE/Downloads /G/gesetzentwurf-ausschreibungen-erneuerbare-energien-aenderungen-eeg-2016.pdf?__blob=publicationFile&v=4, S. 284, zuletzt abgerufen am 27.04.2017.

362 Vgl. BMWi (2016): Gesetzesentwurf der Bundesregierung – EEG 2016, https://www.bmwi.de/Redaktion/ DE/Downloads /G/gesetzentwurf-ausschreibungen-erneuerbare-energien-aenderungen-eeg-2016.pdf?__blob=publicationFile&v=4, S. 172, zuletzt abgerufen am 27.04.2017.

7.12.1 Ausbauziel und Steuerbarkeit

Der für alle Strommarktakteure planbare Ausbau von erneuerbare Energien wurde im EEG 2014 durch finanzielle Anreize, den sogenannten atmenden Deckel, gesteuert. Diese Steuerung des Ausbaupfades war nicht von Erfolg gekrönt.[363] Im EEG 2017 sollen die in § 4 EEG 2017 festgelegten Ausbaupfade für die einzelnen Technologien dadurch erreicht werden, dass pro Jahr mehrere Ausschreibungen nach den §§ 22 ff. EEG 2017 über die in § 4 EEG 2017 festgelegte Leistung, ausgeschrieben wird. Somit wird der Ausbau über die Menge und nicht wie vorher über den Preis gesteuert, was verhindert, dass Ausbauziele überschritten werden. Allerdings zeigen Beispiele aus anderen Ländern, dass die Gefahr besteht, dass die Ausbauziele unterschritten werden, da einige Projekte einen Zuschlag erhalten, aber nicht realisiert werden. Um den Erfolg im Bereich des voranschreitenden Ausbaus von Erneuerbaren Energien durch das EEG weiter zu verfolgen, ist es notwendig, dass eine hohe Realisierungsrate der Projekte erreicht wird.[364] Im Rahmen des EEG 2014 wurde im Bereich Photovoltaik im Jahr 2015 drei Pilotausschreibungen von insgesamt 500 MW für Freiflächenanlagen durchgeführt, um Erfahrungen für die geplante Systemumstellung zu sammeln.[365] Die erste Auktion fand im April 2015 statt und wurde als „pay-as-bid" Verfahren organsiert, welches auch im EEG 2017 Anwendung findet. Dies bedeutet, dass die erhaltene Förderung auch dem Gebotspreis entspricht. In den weiteren Auktionsterminen wurde das Einheitspreisverfahren verwendet, bei dem alle bezuschlagten Gebote den letzten bezuschlagten Preis erhalten.[366] Im Jahr 2016 wurden ebenfalls drei Ausschreibungsrunden durchgeführt, mit einer gesamten installierten Leistung von 410 MW. In Bezug auf die Erreichung der Ausbauziele, lässt sich sagen, dass die Gebotsmengen in jeder Ausschreibungsrunde überschritten wurden.[367] Aufgrund der Errichtungsfrist von

---

363 Vgl. 6.12.1.

364 Vgl. BMWi (2016): Gesetzesentwurf der Bundesregierung – EEG 2016, https://www.bmwi.de/Redaktion/ DE/Downloads /G/gesetzentwurf-ausschreibungen-erneuerbare-energien-aenderungen-eeg-2016.pdf?__blob=publicationFile&v=4, S. 173, zuletzt abgerufen am 27.04.2017.

365 Vgl. BT- Drs. 18/7287, S. 1.

366 Vgl. Gawel; Purkus; Bruttel (2016): Auktionen als Förderinstrument für Erneuerbare Energien in EnWZ 2016, 153, S. 2, beck-online.

367 Vgl. Bundesnetzagentur (2017): Beendete Ausschreibungen 2015 und 2016, https://www.bundesnetzagentur.de/ DE/Sachgebiete/ElektrizitaetundGas/Unternehmen_Institutionen/ErneuerbareEnergien/Ausschreibungen/Solaranlagen/PV-Freiflaechenanlagen/Beendete_Ausschreibung/Ausschreibungen2015_16_node.html, zuletzt abgerufen am 23.04.2017.

zwei Jahren, kann zu der Realisierungsquote noch kein abschließendes Ergebnis genannt werden. In Bezug auf die Realisierungswahrscheinlichkeit der bezuschlagten Projekte gehen die Meinungen auseinander. Der nach § 99 EEG 2014 vorgeschriebene Ausschreibungsbericht der Bundesregierung, der über die Erfahrungen aus den Photovoltaik-Ausschreibungen unterrichten sollte, drückt Zuversicht darüber aus, dass der vorgegebene Ausbaupfad erneuerbarer Energien nicht unterschritten wird, da die Realisierungswahrscheinlichkeit hoch sei. Denn die Bieter, die einen Zuschlag auf ihr Gebot erhielten, wurden durch die Bundesnetzagentur zu diesem Thema befragt. Die Hauptzahl der Bieter gab an, dass sie ihr Projekt in der gegebenen Errichtungsfrist realisieren könnten und werden. Weiterhin hatten die Bieter bereits ihre Zweitsicherheit[368] bezahlt, was ebenfalls für eine hohe Realisierungswahrscheinlichkeit spricht. Eine Analyse zu den wirtschaftlichen Anreizen der Bieter ergab weiterhin, dass bei der in diesem Verfahren gesetzten Pönalzahlung von bis zu 5 % der Investitionssumme bei Nicht-Realisierung, eine Umsetzung des Projektes sogar bei Fehlkalkulationen, unter gewissen Umständen noch sinnvoll erscheint.[369] Dementsprechend wurde in § 55 EEG 2017 für die einzelnen Technologien angepasste und ausreichende Pönalzahlungen festgelegt, um die Ernsthaftigkeit eines Gebotes sowie dessen Realisierung sicherzustellen.[370] Somit kann nach dem Bericht der Bundesregierung von einer hohen Realisierungswahrscheinlichkeit der bezuschlagten Projekte ausgegangen werden.[371] Eine Einschätzung der Realisierungswahrscheinlichkeit von Gawel, Purkus und Bruttel kommt allerdings zu dem Schluss, dass es zu einer Unterschreitung der geplanten Ausbaumenge kommen kann. Diese Schlussfolgerung leiten sie aus den niedrigen Gebotshöhen ab. So sei ein wirtschaftlicher Betrieb schon zu dem für April 2015 gesetzlich festgelegten Wert gem. dem EEG 2014 von 9,02 Cent/kWh schwer möglich. In der ersten Auktion, in der das pay-as-bid Verfahren durchgeführt wurde, lagen Gebote sogar unter diesem Wert. Auch die Fördersätze aus den nachfolgenden Auktionen, die nach dem Einheitspreisverfahren organsiert waren unterschritten diesen Wert.

---

368 Vgl. Kapitel 7.5.6.2.

369 Vgl. BT-Drs. 18/7287, S. 10.

370 Vgl. BMWi (2016): Gesetzesentwurf der Bundesregierung – EEG 2016, https://www.bmwi.de/Redaktion/ DE/Downloads /G/gesetzentwurf-ausschreibungen-erneuerbare-energien-aenderungen-eeg-2016.pdf?_blob=publicationFile&v=4, S. 284, zuletzt abgerufen am 27.04.2017.

371 Vgl. BT- Drs 18/7287, S. 2 bis 3.

Hierdurch ist eine Realisierung der bezuschlagten Projekte nach Meinung der Autoren fraglich[372] Im EEG 2017 wird das pay-as-bid-Verfahren angewendet, die Förderhöhe richtet sich also nach dem individuellen Gebot eines Projektierers.[373] Den Autoren zufolge ist die Wahrscheinlichkeit der Realisierung von Geboten mit sehr niedrigen Geboten in diesem Verfahren somit besonders niedrig. Diese sichern allerdings eine höhere Zuschlagswahrscheinlichkeit.[374] Auch ist darauf hinzuweisen, dass auch die unter dem EEG 2017 durchgeführte Auktion für Solar am 01. Februar 2017, mit genügend Beteiligung ausgestattet war und das geplante Ausschreibungsvolumen von 200 MW vergeben werden konnte.[375] Zusammenfassend lässt sich sagen, dass das Instrument der Ausschreibungen grundsätzlich dafür geeignet ist, den Ausbau Erneuerbarer Energien zu steuern. Vor allem durch die Mengenbegrenzung, durch das festgelegte Ausschreibungsvolumen, kommt es nicht mehr zu Überschreitungen der Fördermenge. Durch die fälligen Strafzahlungen bei Nicht-Realisierung eines Projektes, erhalten die Anlagenbetreiber einen Anreiz nur ernsthafte Gebote abzugeben und ihr Projekt auch umzusetzen, damit der Ausbaupfad nicht unterschritten wird.[376] Inwieweit die Realisierungswahrscheinlichkeit gesichert ist, ist umstritten und muss sich in der folgenden Zeit zeigen. Möglicherweise müssen Modifizierungen an den Regelungen des EEG 2017 vorgenommen werden.

7.12.2 Kosteneffizienz

Aus § 1 EEG 2017 lässt sich das Ziel ableiten, die Förderung Erneuerbarer Energien möglichst kosteneffizient zu gestalten. Der Gesetzgeber hat die Absicht die Regelungen des EEG so auszugestalten, dass die Förderhöhe für Strom aus den regenerativen Anlagen insoweit begrenzt wird, dass die Kosten gedeckt sind, die für einen

[372] Vgl. Gawel; Purkus; Bruttel (2016): Auktionen als Förderinstrument für Erneuerbare Energien, EnWZ 2016, 153, S. 6, beck-online.

[373] Vgl. Kapitel 7.5.

[374] Vgl. Gawel; Purkus; Bruttel (2016): Auktionen als Förderinstrument für Erneuerbare Energien, in EnWZ 2016, 153, S. 6, beck-online.

[375] Vgl. BNetzA (2017): Hintergrundpapaier, https://www.bundesnetzagentur.de/SharedDocs/Downloads/DE/ Sachgebiete/Energie/Unternehmen_Institutionen/ErneuerbareEnergien/EEG_Ausschreibungen, zuletzt abgerufen am 27.04.2017. _2017/Hintergrundpapiere/Hintergrundpapier_01_02_2017.pdf?__blob=publicationFile&v=3, zuletzt abgerufen am 27.04.2017.

[376] Vgl. BT- Drs. 18/7287, S. 2 bis 10.

wirtschaftlichen Betrieb notwendig sind.[377] Dies soll durch das EEG 2017 durch Ausschreibungen erreicht werden, da die einzelnen Bieter in einem Preiswettbewerb zueinanderstehen.[378] Ausreichender Wettbewerb ist hierfür eine Grundvoraussetzung. Dementsprechend wird die Förderhöhe auch nur für die Technologien durch Ausschreibungen ermittelt, bei denen genügend Wettbewerb besteht, da sonst höhere Kosten entstehen würden.[379] Ohne eine bestehende Wettbewerbssituation, werden die Bieter höhere Gebote, die ihre wahren Grenzkosten übersteigen, abgeben, da sie sicher sein können, dass sie einen Zuschlag erhalten.[380] Somit werden durch das EEG 2017 Windenergie an Land, Photovoltaik und Biomasse grundsätzlich durch Ausschreibungen gefördert.[381] Neben der Kosteneffizienz soll auch, aus Akzeptanzgründen der Erneuerbaren Energien in der Bevölkerung, die Akteursvielfalt durch das EEG 2017 gewahrt werden. In der Vergangenheit haben auch kleine Akteure und Bürgerenergieprojekte einen wichtigen Anteil an dem Ausbau erneuerbarer Energien geleistet. Hierdurch erhöht sich auch der Wettbewerb in den Ausschreibungsrunden. Um die Akteuersvielfalt zu gewährleisten, wurden z. B. im Bereich Windenergie an Land Sonderregelungen für Bürgerenergiegesellschaften geschaffen, die dessen Teilnahme an den Ausschreibungsrunden erleichtern sollen.[382] Durch die Ausschreibungen sollen Überförderungen einzelner Technologien verhindert werden, was die Kosten der EEG-Umlage senken wird. Durch die Einführung von Höchstgebotswerten, soll eine Kostensteigerung der EEG-Umlage, im Falle eines Marktversagens verhindert werden. Auch durch den

377 Vgl. BMWi (2016): Gesetzesentwurf der Bundesregierung – EEG 2016, https://www.bmwi.de/Redaktion/ DE/Downloads /G/gesetzentwurf-ausschreibungen-erneuerbare-energien-aenderungen-eeg-2016.pdf?__blob=publicationFile&v=4, S. 172, zuletzt abgerufen am 27.04.2017.

378 Vgl. BT-Drs 18/7287, S. 1.

379 Vgl. BMWi (2016): Gesetzesentwurf der Bundesregierung – EEG 2016, https://www.bmwi.de/Redaktion/ DE/Downloads /G/gesetzentwurf-ausschreibungen-erneuerbare-energien-aenderungen-eeg-2016.pdf?__blob=publicationFile&v=4, S. 173, zuletzt abgerufen am 27.04.2017.

380 Vgl. Mohr (2015): Ausschreibung der finanziellen Förderung von Strom aus erneuerbaren Energien in EnWZ 2015, H 99, S. 5, beck-online.

381 Vgl. Kapitel 7.5.

382 Vgl. BMWi (2016): Gesetzesentwurf der Bundesregierung – EEG 2016, https://www.bmwi.de/Redaktion/ DE/Downloads /G/gesetzentwurf-ausschreibungen-erneuerbare-energien-aenderungen-eeg-2016.pdf?__blob=publicationFile&v=4, S. 173, zuletzt abgerufen am. 27.04.2017.

festgelegten Ausbaupfad, der durch die Mengensteuerung nicht mehr überschritten werden kann, werden Kostensteigerungen durch Überschreitung der Ausbaumenge verhindert. Die Ausschreibungsmenge von Biomasse wurde auf 150 MW brutto angehoben, was eine Zusatzbelastung der EEG-Umlage um 0,1 bis 0,15 Cent/kWh ausmacht. Allerdings beträgt der Ausbaupfad für Windenergie an Land mit 2.800 MW brutto weniger als der bisherige Ausbaupfad. Es wird mit einer Kostenersparnis von 0,4 bis 0,5 Cent/kWh ausgegangen, wodurch sich trotz der Erhöhung des Ausbaupfades im Bereich Biomasse, eine Gesamtentlastung der Umlage ergibt.[383] In dem Pilotausschreibungsverfahren der Photovoltaikfreiflächenanlagen im EEG 2014 ist festzustellen, dass die durchschnittliche Förderhöhe deutlich unter dem zulässigen Höchstwert lag. So lag die durchschnittliche Förderhöhe in der ersten Ausschreibungsrunde bei 9,17 ct/kWh und der Höchstgebotswert bei 11,29 ct/kWh. Auch ist eine kontinuierliche Kostendegression über die gesamten Ausschreibungsrunden zu verzeichnen. Der durchschnittliche Förderwert, bei der sechsten Ausschreibungsrunde lag schon bei 6,9 ct/kWh, was eine Reduzierung der durchschnittlichen Förderhöhe um 2 ct/kWh bedeutet.[384] Diese Entwicklung sieht die Bundesregierung in ihrem Bericht nach § 99 EEG 2014 als Anhaltspunkt für die Kosteneffizienz des Ausschreibungsverfahrens. Auch lag der durchschnittliche Zuschlagswert entweder im nahen Bereich der gesetzlich festgelegten Förderhöhe oder sogar deutlich darunter.[385] Diese Entwicklungen sprechen für eine kosteneffizientere Ausgestaltung des Fördersystems. Der Einspeisevorrang der Erneuerbaren Energien besteht auch im EEG 2017 fort.[386] Somit besteht, die sich aus dem Merit-Order-Effekt ergebenen Problematik der sinkenden Börsenstrompreise und die dadurch ansteigenden Förderkosten, fort.[387] Um volkswirtschaftliche Vorteile zu erzielen, wird mit dem EEG 2017 ein netzverträglicher Ausbau Erneuerbarer

---

383 Vgl. BMWi (2016): Gesetzesentwurf der Bundesregierung – EEG 2016, https://www.bmwi.de/Redaktion/ DE/Downloads /G/gesetzentwurf-ausschreibungen-erneuerbare-energien-aenderungen-eeg-2016.pdf?__blob=publicationFile&v=4, S. 218, zuletzt abgerufen am 27.04.2017.

384 Vgl. Bundesnetzagentur (2017): Beendete Ausschreibungen in 2015 und 2016, https://www.bundesnetzagentur.de /DE/Sachgebiete/ElektrizitaetundGas/Unternehmen_Institutionen/ErneuerbareEnergien/Ausschreibungen/Solaranlagen/PV-Freiflaechenanlagen/Beendete_Ausschreibung/Ausschreibungen2015_16_node.html, zuletzt abgerufen am 23.04.2017.

385 Vgl. BT-Drs 18/7287, S. 9.

386 Vgl. Kapitel 7.7

387 Vgl. Kapitel 6.12.2.

Energien forciert. Dementsprechend wurde für die Ausschreibungen Windenergie an Land, aufgrund erheblicher Netzengpässe im norddeutschen Raum, ein Netzenpassgebiet definiert. In diesem Gebiet ist die Zubaumenge limitiert.[388] Durch den unkontrollierten und mit dem Netzausbau nicht koordinierten Ausbau Erneuerbarer Energien, entstanden in der Vergangenheit hohe zusätzliche Netzausbaukosten.[389] Durch den mengengesteuerten Ausbau und den limitierten Zubau Erneuerbarer Energien in Netzengpassgebieten, hat das EEG 2017 Mechanismen geschaffen, die die Kostenbelastung des Netzausbaus reduzieren können.

7.12.3 Marktintegration

Wie bereits erläutert ist eine Integration der erneuerbaren Energien in das Energieversorgungssystem unerlässlich. Eines der Hauptinstrumente im EEG 2014 zur voranschreitenden Marktintegration, war die Einführung der verpflichtenden Direktvermarktung.[390] Durch das EEG 2017 sollen die regenerativen Technologien noch weiter integriert werden, indem die Vergütungshöhe wettbewerblich ermittelt wird. Laut Gesetzgeber sei dies nach der Integrierung der Direktvermarktung im EEG 2014, der nächste logische Schritt zu mehr Marktnähe.[391] Windkraft und Solarenergie tragen den größten Anteil im Ausbau der Erneuerbaren Energien, danach kommt prozentual gesehen die Biomasse. Für diese drei Energieträger werden die Vergütungshöhen nach dem EEG 2017 nicht mehr gesetzlich festgelegt, sondern diese ergeben sich dadurch, dass potentielle Anbieter in einem Auktionsverfahren miteinander in den Wettbewerb gehen. Der Anbieter, welches das niedrigste Gebot abgibt, erhält den Zuschlag und kann sein erneuerbares Energieprojekt umsetzen. Allerdings wird für jede Technologie ein eigenes Ausschreibungsverfahren durchgeführt, wodurch nur gleiche Energiearten in einen Wettbewerb treten.[392] Würden alle Technologien miteinander im Wettbewerb stehen, würde

---

388 Vgl. BMWi (2016): Gesetzesentwurf der Bundesregierung – EEG 2016, https://www.bmwi.de/Redaktion/ DE/Downloads /G/gesetzentwurf-ausschreibungen-erneuerbare-energien-aenderungen-eeg-2016.pdf?__blob=publicationFile&v=4, S. 179, zuletzt abgerufen am 27.04.2017.

389 Vgl. Kapitel 6.12.2.

390 Vgl. Kapitel 6.12.3.

391 Vgl. BMWi (2016): Gesetzesentwurf der Bundesregierung – EEG 2016, https://www.bmwi.de/Redaktion/ DE/Downloads /G/gesetzentwurf-ausschreibungen-erneuerbare-energien-aenderungen-eeg-2016.pdf?__blob=publicationFile&v=4, S. 172, zuletzt abgerufen am 27.04.2017.

392 Vgl. Kapitel 7.5.

sich die kosteneffizienteste Technologie durchsetzen, was zu Kostensenkungen in der EEG-Umlage führen könnte.[393] Zwar wurden im EEG 2017 auch gemeinsame Ausschreibungen für Windenergie an Land und Photovoltaik vorgesehen, allerdings muss hier ein diversifizierter Zubau gesichert sein. Dieses Vorgehen widerspricht der ökonomischen Rationalität und wirft im Allgemeinen die Frage nach der Sinnhaftigkeit dieser gemeinsamen Ausschreibungsrunden auf.[394] Durch die Systemumstellung des EEG auf Ausschreibungen, wurden im Bereich der Ermittlung der Vergütung, wettbewerbliche Strukturen integriert und es lässt sich somit ein Fortschritt zum EEG 2014 verzeichnen. Allerdings erfolgt der Zubau weiterhin durch gesetzliche Planungen und nicht durch marktwirtschaftliche Anreize.[395] Damit die Erneuerbaren Energien vollständig in den liberalisierten Energiemarkt integriert werden, bedarf es dementsprechend weiterer Maßnahmen.

7.12.4 Versorgungssicherheit

Wie bereits in Kapitel 6.12.4 erläutert, war die Versorgungssicherheit in Deutschland, trotz des zunehmenden Ausbaus Erneuerbarer Energien, nie ernsthaft gefährdet. Jedoch wird die Sicherstellung eines funktionierenden und sicheren Netzbetriebes durch den unkontrollierten und unsteten Zubau der Erneuerbaren Energien vor große Herausforderungen gestellt. Es ist immer mehr Aufwand nötig, um die Versorgungssicherheit zu gewährleiten.[396] Durch die im EEG 2017 integrierte Mengensteuerung und die Regelungen zu den Netzengpassgebieten, kann der Zubau erneuerbarer Energien besser mit dem Netzausbau abgestimmt werden und wird planbarer. Folglich kann dies zu einer Entlastung des Netzmanagements führen.[397] Das sich abzeichnende Investitionsproblem konventioneller Kraftwerke, durch den verringerten Einsatz, aufgrund des Einspeisevorrangs der Erneuerbaren Energien, bleibt bestehen. Konventionelle Kraftwerke müssen als Reservekapazität, aufgrund der fluktuierenden Eigenschaften der Erneuerbaren Energien, vorgehalten werden, obwohl die Investition aufgrund des verringerten Einsatzes nicht mehr lohnenswert erscheint.[398] In diesem Punkt trifft das EEG 2017 keine weiteren

[393] Vgl. Kapitel 4.2.

[394] Vgl. Kapitel 7.5.6.4.

[395] Vgl. Kapitel 7.12.3 und Haucap; Klein; Kühling (2013): Die Marktintegration der Stromerzeugung aus erneuerbaren Energien, S. 81 – 82.

[396] Vgl. Kapitel 6.12.4.

[397] Vgl. Kapitel 6.12.2.

[398] Vgl. Kapitel 6.12.4.

Regelungen. Langfristig könnte dieses Problem die Versorgungssicherheit in Deutschland negativ beeinflussen.

7.12.5 Klimaschutz

Im Kapitel 6.12.5 wurde bereits festgestellt, dass sich durch das EEG ein positiver Effekt auf die Reduktion der Treibhausgase bestätigen lässt, da ein Großteil dieser Emissionen durch konventionelle Energie erzeugt werden. Durch die Erhöhung des Anteils Erneuerbarer Energien an der Stromerzeugung, lassen sich folglich konventionelle Energieträger ersetzen und die Treibhausgasemissionen dadurch senken.[399] Dieser Effekt sollte sich auch durch das EEG 2017 fortsetzen. Die Ausbaupfade des EEG 2017 wurden so ausgerichtet, dass die quantitativen Ausbauziele erreicht werden können.[400] Dementsprechend hängt die Effektivität des Klimaschutzes des EEG 2017 mit der Einhaltung des Ausbaupfades zusammen. Geht man von einer hohen Realisierungswahrscheinlichkeit der bezuschlagten Projekte aus, ist ein positiver Effekt auf den Klimaschutz zu bestätigen. Allerdings sind neben dem EEG 2017 weitere Klimaschutzmechanismen notwendig, um die Ziele der Energiewende zu erreichen.[401]

7.12.6 Vereinbarkeit mit EU und Verfassungsrecht

Das EEG 2017 sowie das Windenergie-auf-See-Gesetz wurden am 20.12.2016 von der Europäischen Kommission genehmigt und gilt somit als vereinbar mit den EU-Beihilfevorschriften. Die Ausschreibungsregelungen sind somit vereinbar mit dem Gemeinsamen Markt.[402] Wie im Kapitel 8.12.4 bereits beschrieben, hat die Europäische Kommission das EEG 2012 und das EEG 2014 als Beihilfe klassifiziert, diese allerdings grundsätzlich als mit dem Gemeinsamen Markt vereinbar erklärt. Das EEG 2014 wurde unter der Bedingung notifiziert, dass ab dem Jahr 2017 die Förderhöhe durch Ausschreibungen erfolgen muss. Dies hat die Bundesregierung

---

399 Vgl. Kapitel 6.12.5.

400 Vgl. BMWi (2016): Gesetzesentwurf der Bundesregierung – EEG 2016, https://www.bmwi.de/Redaktion/ DE/Downloads /G/gesetzentwurf-ausschreibungen-erneuerbare-energien-aenderungen-eeg-2016.pdf?__blob=publicationFile&v=4, S. 178 – 179, zuletzt abgerufen am 27.04.2017.

401 Vgl. Kapitel Klimaschutz 6.12.4.

402 Vgl. Clearingstelle EEG (2017):Europäische Kommission genehmigt EEG 2017 und Netzreserve https://www.clearingstelle-eeg.de/sonstiges/3470, zuletzt abgerufen am 23.04.2017.

durch das EEG 2017 umgesetzt.[403] Auch ist das EEG 2017 mit dem nationalen Verfassungsrecht vereinbar. Die Änderungen des EEG 2017 sind am 01.01.2017 in Kraft getreten. Hierdurch hätte der Vertrauensschutz der Anlagenbetreiber, durch die Umstellung auf Ausschreibungen, verletzt werden können. Allerdings sind Bestandsanlagen durch die Änderungen nicht betroffen. Auch der im EEG 2014 begründete Investitionsschutz wurde gesichert, da für Anlagen, für die das EEG 2014 eine Übergangsregelung getroffen hatte, gem. § 22 EEG 2017 nicht verpflichtet sind, an den Auktionen teilzunehmen.[404]

7.12.7 Zusammenfassung der Zielerreichung

Zusammenfassend lässt sich sagen, dass das EEG 2017 im Vergleich zum EEG 2014 zu einigen Verbesserungen im Bereich der Steuerbarkeit und der Marktintegration geführt hat. Allerdings kann es auch zu einigen Unsicherheiten kommen. Zwar lässt sich durch die Ausschreibungen eine Überschreitung der geplanten Zubaumengen verhindern, es besteht aber auch die Gefahr einer Unterschreitung der Zubauraten. Dies hängt von der Realisierungsquote der bezuschlagten Gebote ab und muss sich noch herausstellen. Durch integrierte Strafzahlungen, soll die Realisierungswahrscheinlichkeit im EEG 2017 hoch sein.[405] Folgt man den Erfahrungen der Pilotausschreibungen im Bereich der Photovoltaik-Freiflächenanlagen, die unter dem EEG 2014 durchgeführt wurden, dann lassen sich die Kosten der EEG-Umlage durch das Ausschreibungsverfahren deutlich senken. Durch den nun steuerbaren Ausbau der Erneuerbaren Energien, kommt es auch nicht mehr zu Kostensteigerungen durch eine Überschreitung der Zubaumenge. Durch den limitierten Zubau im sogenannten Netzausbaugebiet, wird ein erster Schritt zu einem, mit dem Netzausbau koordinierten Erneuerbaren Energien Zubau gesetzt, welches sich positiv auf die Netzausbaukosten auswirken kann.[406] Dieser planbare und gesteuerte Zubau, kann sich auch positiv auf die Wahrung der Versorgungssicherheit auswirken. Das weiterhin

---

[403] Vgl. BMWi (2016): Gesetzesentwurf der Bundesregierung – EEG 2016, https://www.bmwi.de/Redaktion/ DE/Downloads /G/gesetzentwurf-ausschreibungen-erneuerbare-energien-aenderungen-eeg-2016.pdf?_blob=publicationFile&v=4, S. 186, zuletzt abgerufen am 27.04.2017.

[404] Vgl. BMWi (2016): Gesetzesentwurf der Bundesregierung – EEG 2016, https://www.bmwi.de/Redaktion/ DE/Downloads /G/gesetzentwurf-ausschreibungen-erneuerbare-energien-aenderungen-eeg-2016.pdf?_blob=publicationFile&v=4, S. 186, zuletzt abgerufen am 27.04.2017.

[405] Vgl. Kapitel 7.12.1.

[406] Vgl. Kapitel 7.12.2.

bestehende Investitionsproblem der konventionellen Kraftwerke, verursacht durch den Einspeisevorrang, bleibt allerdings bestehen.[407] Die Ermittlung der Vergütungshöhe wird durch die Ausschreibungsrunden wettbewerblich ermittelt und hat einen positiven Effekt auf die Marktintegration. Diese erfolgen allerdings technologiespezifisch und der Zubau wird weiterhin gesetzlich gesteuert.[408] Sollte der geplante Ausbaupfad durch das EEG 2017 eingehalten werden können, dann trägt das EEG 2017 auch weiterhin einen Teil zum Klimaschutz, durch die Vermeidung von Treibhausgasemissionen, bei.[409] Auch das EEG 2017 ist mit dem EU- und Verfassungsrecht vereinbar.[410]

407 Vgl. Kapitel 7.12.4.

408 Vgl. Kapitel 7.12.3.

409 Vgl. Kapitel 7.12.5.

410 Vgl. Kapitel 7.12.6.

8 Das Quotenmodell Schwedens

Das EEG 2017 bietet einige Chancen, die hohen Förderkosten zu senken, die notwendige Marktintegration voranschreiten zu lassen und mit der Erreichung der geplanten Ausbauziele einen wichtigen Beitrag zum Klimaschutz zu leisten.[411] Betrachtet man allerdings das langfristige Ziel, den Anteil der Erneuerbaren Energien an der Bruttostromversorgung bis 2050 auf 80 Prozent zu steigern, dann ist eine weitere kosteneffiziente Marktintegration der Erneuerbaren Technologien in den Energiemarkt notwendig. Gleichzeitig ist darauf zu achten, dass die Ausbauziele dadurch nicht gefährdet werden, damit der übergeordnete Zweck des Klimaschutzes weiterverfolgt werden kann.[412] Verschiedene Institutionen in Deutschland schlugen in der Vergangenheit vermehrt den Systemwechsel von einer festen Einspeisevergütung hin zu einem mengengesteuerten Quotenmodell vor. Begründet wurde dieser geforderte Systemwechsel damit, dass mit diesem Modell eine Steigerung des Ausbaus Erneuerbarer Energien zu kosteneffizienteren und wettbewerblichen Bedingungen erfolgen kann. Beispielhaft wäre das Quotenmodell in Schweden zu nennen, welches bereits über 10 Jahre erfolgreich im schwedischen Energiemarkt integriert ist.[413] Im Folgenden soll geklärt werden, ob ein Quotenmodell schwedischer Art ein alternatives Fördermodell für Deutschland darstellen könnte und inwieweit sich bestehende Probleme der deutschen Fördersystematik beseitigen lassen oder neue Problematiken entstehen könnten. Zuerst wird ein kurzer Überblick über die schwedische Fördersystematik gegeben. Danach wird eine Einschätzung über die Effektivität und Effizienz dieses Förderansatzes erfolgen. Da geprüft werden soll, ob dieses Fördermodell ein für Deutschland geeignetes System darstellt, wird dies in Hinblick auf das Erreichen der mit dem EEG verfolgten Ziele geschehen.

8.1 Grundsätze des schwedischen Quotensystems

Seit 2003 hat Schweden, um den Ausbau erneuerbarer Energien voranzutreiben ein mengenbasiertes Quotenmodell in seinen Energiemarkt integriert. Dessen Ziel,

---

411 Vgl. Kapitel 8.12.

412 Kapitel 7.12.

413 Vgl. Monopolkommission (2013): Energie 2013: Wettbewerb in Zeiten der Energiewende, http://www.monopolkommis sion.de/images/PDF/SG/s65_volltext.pdf, S. 142, zuletzt abgerufen am 27.04.2017.

ist ein voranschreitender und kosteneffizienter Ausbau regenerativer Energien.[414] Der Preis bildet sich in diesem Modell nach Angebot und Nachfrage am Markt. Die verfolgte Ausbaumenge wird in einem Quotenmodell dadurch erreicht, dass entweder Energieversorgungsunternehmen oder Letztverbraucher einen gewissen Anteil an ihrem Strombezug durch Erneuerbare Energien abdecken müssen.[415] Die zur Erfüllung der Quote Verpflichteten sind nach dem schwedischen Modell die Elektrizitätsversorger, energieintensive Unternehmen und bestimmte Letztverbraucher.[416] Damit nachgewiesen werden kann, ob es sich um erneuerbaren Strom handelt oder nicht, werden handelbare Zertifikate für den regenerativen Strom ausgegeben. Die zuständige schwedische Regulierungsbehörde genehmigt förderfähige Anlagen und kontrolliert diese im Nachhinein. Somit erhalten die Anlagenbetreiber neben dem Verkaufspreis für den Strom eine weitere Vergütung für den Verkauf der Zertifikate. Jede von der Regulierungsbehörde genehmigte Anlage erhält pro MW ein Zertifikat, welche zusätzlich verkauft werden können. Förderfähige Anlagen erhalten über eine 15-jährige Qualifikationsperiode pro eingespeiste MWh ein Zertifikat. Diese Grünstromzertifikate werden vom schwedischen Übertragungsnetzbetreiber „Svenska Kraftnät" ausgegeben. Dieser hat auch die Buchführungspflicht für diese Zertifikate inne. Der Übertragungsnetzbetreiber hat ein Zertifikatskonto zu führen, welches die vorhandenen Zertifikatsmengen darstellt und hat weiterhin die Aufgabe diese wenn nötig zu löschen. Auch veröffentlicht dieser durchschnittlichen Zertifikatspreise und die Gesamtmenge an ausgegebenen Zertifikaten. Die schwedische Regulierungsbehörde führt ein Register über die zum Kauf von Zertifikaten verpflichteten Unternehmen. Diese müssen bis spätestens zum 01. März eines jeden Jahres, die Stromverkaufsmengen und auch die gekauften Zertifikate an die Behörde melden. Daraufhin kann die Regulierungsbehörde prüfen, ob die Verpflichteten ihre Quoten erreicht haben, indem sie die Menge der Zertifikate mit den ausgelieferten Strommengen der Energieversorger vergleicht. Sollten Zertifikate fehlen, haben die verpflichteten Energieversorger bis zum 31. März die Möglichkeit Zertifikate zu erwerben. Dies ist auch über die Strombörse „Nordic

---

[414] Vgl. Monopolkommission (2013): Energie 2013: Wettbewerb in Zeiten der Energiewende, http://www.monopolkommis sion.de/images/PDF/SG/s65_volltext.pdf, S. 142, zuletzt abgerufen am 27.04.2017..

[415] Vgl. Vgl. Stromhandel mit erneuerbaren Energieträgern mit einem Quotenmodell, S. 6.

[416] Vgl. Haucap; Klein; Kühling (2013): Die Marjtintegration der Stromerzeugung aus erneuerbaren Energien, S. 68.

Power Exchange" möglich. Bestehen überschüssige Zertifikate, haben die Unternehmen die Möglichkeit des „bankings", also können die Zertifikate weiterverwendet werden und verfallen nicht. Zertifikate die verwendet wurden, um die Quote zu erfüllen, werden gelöscht. Sollte die gesetzlich festgesetzte Grünstromquote nicht erreicht werden, dann sieht das schwedische System ein 150 % über den durchschnittlichen Preis der Zertifikatspreise vor. Anfänglich waren die Strafzahlungen in Schweden geringer, wodurch die Unternehmen die Strafzahlungen in Kauf nahmen und sich nicht an die Quote hielten. Nach dieser Änderung liegen die Erfüllungsquoten bei 100 Prozent. Bei negativen Börsenstrompreisen werden keine Zertifikate ausgegeben. Das Fördermodell Schwedens ist technologieneutral ausgestaltet. Im Gegensatz zum deutschen EEG 2014 und auch zum EGG 2017 werden die Förderungen bzw. hier die Quoten nicht für jede Technologie differenziert festgelegt.[417] Somit ist es egal aus welcher regenerativen Energiequelle die Quoten erreicht werden. Es besteht die Möglichkeit, dass sich die Technologie die am günstigsten Strom erzeugen kann, am Markt durchsetzt und eine Überförderung einzelner Technologien verhindert werden.[418] Die vorgegebene Quote im schwedischen Fördermodell wurde bis zum Jahr 2035 festgelegt und beträgt bis dahin 198 TWh. Dies ist wichtig, damit die Investoren eine gewisse Planungssicherheit haben.[419] Seit dem Jahr 2012 betreibt Schweden einen gemeinsamen Zertifikatenhandel mit Norwegen, indem die Quotenerfüllung jeweils auch mit Zertifikaten aus dem anderen Staat möglich ist. Der Anteil erneuerbarer Energien besteht hauptsächlich aus Biomasse, kleinen Wasserkraftwerken und Windenergie. Strom aus Wasserkraftwerken über einer Leistung von 1,5 MW können nicht zur Quotenerfüllung verwendet werden und sind dementsprechend nicht förderfähig.[420] Der Anteil Erneuerbarer Energien am Bruttoendenergieverbrauch lag im Jahr 2014 in Schweden bei 52,6 Prozent. Betrachtet man die Entwicklung von 2004, also kurz nach Einführung des

---

417 Vgl. Monopolkommission (2013): Energie 2013: Wettbewerb in Zeiten der Energiewende, http://www.monopolkommis sion.de/images/PDF/SG/s65_volltext.pdf, S. 143 ff., zuletzt abgerufen am 27.04.2017.

418 Vgl. Kapitel 8.1.

419 Vgl. Monopolkommission (2013): Energie 2013: Wettbewerb in Zeiten der Energiewende, http://www.monopolkommis sion.de/images/PDF/SG/s65_volltext.pdf, S. 143 ff., zuletzt abgerufen am 27.04.2017.

420 Vgl. Haucap; Klein; Kühling (2013): Die Marjtintegration der Stromerzeugung aus erneuerbaren Energien, S. 68.

Fördermodells, bis 2014, dann lässt sich eine deutliche Steigerung des Anteils ausmachen. Im Jahr 2004 lag der Anteil am Bruttoendenergieverbrauch noch bei ca. 38 Prozent, was eine prozentuale Steigerung um 14 Prozentpunkte ausmacht.[421]

8.2 Zielerreichung

Nachdem im vorherigen Kapitel eine kurze Darstellung des schwedischen Quotenmodells erfolgt ist, kann nun eine Einschätzung darüber erfolgen, inwieweit sich dieses Modell auf die, mit dem EEG, verfolgten Ziele auswirken würde.

8.2.1 Ausbauziel und Steuerbarkeit

Die quantitativen Ausbauziele des § 1 Abs. 2 EEG lassen sich durch das Quotenmodell grundsätzlich erreichen. Die von den Energieversorgern jährlich zu erfüllende Quote, müsste so angepasst werden, dass im Jahre 2050 ein Mindestanteil Erneuerbarer Energien von 80 Prozent am Bruttostromverbrauch erreicht wird. Dieses Fördersystem weist den Vorteil auf, dass durch die festgesetzte Quote ein funktionierender Steuerungsmechanismus integriert ist und der Ausbaupfad genau erreicht werden kann.[422] Genau wie beim Ausschreibungsmodell, welches im EEG 2017 zur Anwendung kommt, besteht im Quotenmodell die Gefahr, dass der Ausbaupfad unterschritten wird. Dies würde geschehen, wenn die zur Quote verpflichteten Unternehmen, nicht ausreichend ihrer Quote entsprechende Zertifikate erwerben würden. Allerdings weist Schweden eine 100 % Erfüllungsquote auf, seitdem die Strafzahlungen 150 % über dem durchschnittlichen Zertifikatspreis liegen. Dementsprechend wäre für das deutsche Fördermodell ebenfalls eine ausreichend hohe Pönalzahlung zu integrieren.[423] Da in Deutschland auch viele kleinere Akteure einen wichtigen Beitrag zum Ausbau der Erneuerbaren Energien leisten und diesen durch ein Quotensystem die Teilnahme am Markt erschwert wird, wäre

421 Vgl. Statista: Anteil erneuerbaer Energien am Bruttoendenergieverbrauchs Schwendens vom Jahr 2004 bis zum Jahr 2014, https://de.statista.com/statistik/daten/studie/161421/umfrage/stromerzeugung-aus-erneuerbaren-energien-in-schweden/, zuletzt abgerufen am 25.04.2017.

422 Vgl. Kapitel 6 und 7.1 und Vgl. Monopolkommission (2013): Energie 2013: Wettbewerb in Zeiten der Energiewende, http://www.monopolkommis sion.de/images/PDF/SG/s65_volltext.pdf, S. 146, zuletzt abgerufen am 27.04.2017.

423 Vgl. Monopolkommission (2013): Energie 2013: Wettbewerb in Zeiten der Energiewende, http://www.monopolkommis sion.de/images/PDF/SG/s65_volltext.pdf, S. 146, zuletzt abgerufen am 27.04.2017.

es eine Möglichkeit, wie im EEG 2017[424] Kleinanlagen mit einer festen Vergütung zu fördern. Sollten diese Voraussetzungen erfüllt sein, stellt sich das schwedische Quotenmodell als ein geeignetes Instrument dar, mit dem die quantitativen Ausbauziele erreicht werden können und gleichzeitig ein effektiver Steuerungsmechanismus implementiert wäre.

8.2.2 Kosteneffizienz

Durch den passgenauen Ausbau, der sich durch die Quotenvorgabe ergibt, entstehen keine Kosten durch hohe Überschreitungen der Zubauraten, wie es im EEG 2014 der Fall war. Im schwedischen Modell werden bei negativen Strompreisen keine Zertifikate ausgegeben, wodurch für die Anlagenbetreiber ein Anreiz besteht, ihre Stromeinspeisung in diesen Zeiten zu stoppen, da sie diesen nicht vergütet bekommen. Durch die technologieneutrale Ausgestaltung des Fördersystems, werden die Förderkosten dadurch gesenkt, dass sich die kostengünstigste Technologie am kostengünstigsten Standort am Markt durchsetzen wird. Somit wird auch verhindert, dass sich die regenerativen Technologien durchsetzen, dessen Gewinnspanne durch gesetzlich festgelegte Vergütungssätze am größten ist.[425] Das Quotensystem enthält allerdings auch Mechanismen, die die EEG-Umlage erhöhen können. Dadurch, dass sich der Zertifikatspreis nach Angebot und Nachfrage ergibt und somit auch Schwankungen unterliegt, besteht bei den Anlagenbetreibern eine gewisse Unsicherheit über die zukünftige Erlössituation. Dies führt bei der Anlagenfinanzierung zur höheren Zinsen und Risikoaufschlägen. Diese Kosten werden sich auch in den Förderkosten wiederspiegeln.[426] Wie das schwedische Quotenmodell zeigt, ist eine passgenaue Einhaltung des Ausbaupfades möglich. Somit lässt sich der Zubau Erneuerbarer Energien gut mit dem Netzausbau koordinieren, was zu

[424] Vgl. Kapitel 7.5.4.

[425] Vgl. Monopolkommission (2013): Energie 2013: Wettbewerb in Zeiten der Energiewende, http://www.monopolkommis sion.de/images/PDF/SG/s65_volltext.pdf, S. 146, zuletzt abgerufen am 27.04.2017.

[426] Vgl. BMWi (2016): Gesetzesentwurf der Bundesregierung – EEG 2016, https://www.bmwi.de/Redaktion/ DE/Downloads /G/gesetzentwurf-ausschreibungen-erneuerbare-energien-aenderungen-eeg-2016.pdf?_blob=publicationFile&v=4, S. 183, zuletzt abgerufen am 27.04.2017.

sinkenden Kosten führen kann.[427] Da sich durch die technologieneutrale Ausgestaltung des Fördermodells allerdings die kostengünstigste Technologie am Markt durchsetzen wird, kann dies auch zu einem erschwerten Netzmanagement führen. Voraussichtlich würde sich in Deutschland die kostengünstigste Technologie Windenergie an Land durchsetzen, welche eine fluktuierende Stromerzeugung aufweist. Durch Solarenergie sowie Strom aus Biomasse könnten wetterabhängige Schwankungen ausgeglichen werden.[428]

8.2.3 Marktintegration

In Bezug auf die notwendige Marktintegration, würde das Modell des schwedischen Quotensystems im Vergleich zu den Fördermodellen des EEG 2014 und 2017 am weitreichendsten sein. Hier wird lediglich die Zubaurate gesetzlich festgelegt. Der Technologiemix sowie der Zertifikatspreis ergeben sich nach Angebot und Nachfrage und somit durch wettbewerbliche Parameter.[429] Sollte das schwedische Fördersystem auf Deutschland übertragen werden, würde dies somit die weitreichendste Marktintegration der erneuerbaren Energien bedeuten. Eine komplette Integration in den Energiemarkt erfolgt jedoch auch durch dieses System nicht.[430]

8.2.4 Versorgungssicherheit

Wie bereits in Kapitel 8.2.2 beschrieben ist ein mit dem Netzausbau abgestimmter Zubau von erneuerbaren Energien möglich. Dies erleichtert dementsprechend das Netzmanagement. Allerdings bestehen durch die technologieneutrale Ausgestaltung des Fördersystems auch Risiken, die sich negativ auf die Versorgungssicherheit auswirken können.[431] Der Ausbau Erneuerbarer Energien wird auch mit der Förderung durch Quotensysteme zu einer Herausforderung.

---

[427] Vgl. Monopolkommission (2013): Energie 2013: Wettbewerb in Zeiten der Energiewende, http://www.monopolkommis sion.de/images/PDF/SG/s65_volltext.pdf, S. 146, zuletzt abgerufen am 27.04.2017.

[428] Vgl. Vollprecht; Altrock (2016): Die EEG-Novelle 2017: Von Ausschreibungen und zuschaltbare Lasten in EnWZ, S. 387, beck-online.

[429] Vgl. Haucap; Klein; Kühling (2013): Die Marktintegration der Stromerzeugung aus erneuerbaren Energien, S. 92 – 93.

[430] Vgl. Kapitel 8.1.

[431] Vgl. Kapitel 8.2.2.

8.2.5 Klimaschutz

Wie bereits in Kapitel 6.2.5 dargestellt, hat der voranschreitende Ausbau Erneuerbarer Energien einen positiven Effekt auf den Klimaschutz und die Reduzierung von Treibhausgasemissionen.[432] Da in Kapitel 8.2.1 von einer Erreichung der quantifizierbaren Ausbauziele ausgegangen wird, ist ein positiver Effekt dieses Instrumentes zu bestätigen.

8.2.6 Vereinbarkeit mit dem EU- und Verfassungsrecht

Die Beihilfen-Problematik würde, aufgrund des nicht integrierten Ausgleichsmechanismus entfallen. Um Rechtssicherheit zu erlangen, sollte eine Notifzierung durch die Europäische Kommission erfolgen.[433]

8.2.7 Zusammenfassung der Zielerreichung

Zusammenfassend lässt sich sagen, dass die Implementierung eines Quotenmodells positive Faktoren sowie auch negative Faktoren zur Erreichung der Ziele des EEG zur Folge hätte. Grundsätzlich lässt sich der Zubau von Erneuerbaren Energien passgenau steuern und die gesetzten Ausbauziele scheinen erreichbar. Jedoch besteht die Gefahr, dass Quoten nicht erfüllt werden. Hier gilt es durch Strafzahlungen Anreize zu setzen, damit diese Quotenziele erreicht werden.[434] Förderkosten lassen sich dadurch senken, dass sich durch die Technologieneutralität der kostengünstigste Energieträger am Markt etablieren und der Ausbaukorridor nicht überschritten wird. Risikoaufschläge in den Finanzierungskosten können sich wiederum negativ auf die Förderkosten auswirken.[435] Der durch den passgenauen Ausbau erneuerbarer Energien mögliche planbare Netzausbau kann positive Effekte auf die Netzausbaukosten sowie auf die Gewährleistung der Versorgungssicherheit haben. Die technologieneutrale Ausgestaltung stellt jedoch ein Risiko für diese zwei Punkte dar.[436] In Bezug auf die Marktintegration stellt das Quotensystem die beste Alternative dar, da nur die Zubaurate gesetzlich festgelegt wird.[437] Positive

[432] Vgl. Kapitel 6.2.5.
[433] Vgl. Kapitel 8.1. und Kapitel 6.2.6.
[434] Vgl. Kapitel 8.2.1.
[435] Vgl. Kapitel 8.2.2.
[436] Vgl. Kapitel 8.2.2 und 8.2.4.
[437] Vgl. Kapitel 8.2.3.

Effekte auf den Klimaschutz können bestätigt werden. Das Quotenmodell erscheint grundsätzlich mit dem EU- und Verfassungsrecht vereinbar.[438]

[438] Vgl. Kapitel 8.2.5 und 8.2.6.

9 Schlussbetrachtung und Ausblick

Abschließend lässt sich sagen, dass jedes der drei Fördermodelle gewisse Vor- und Nachteile aufweist und die Unterschiedlichkeit der einzelnen Teilziele eine hundertprozentige Zielerreichung eines jeden Teilziels erschwert. Es gilt hier, eine gewisse Ausgeglichenheit zwischen diesen Zielen zu erreichen. Grundsätzlich lässt sich sagen, dass die Erzeugung aus Erneuerbaren Energien gegenüber den konventionellen Energieträgern, aufgrund der höheren Stromgestehungskosten, ohne Förderung noch nicht am Markt bestehen können.[439] Dementsprechend würde der Ausbau Erneuerbarer Energien ohne eine Förderung nicht weiter voranschreiten. Würde man die drei Fördermodelle nach der reinen Effektivität in Bezug auf die Ausbauziele betrachten, dann wäre das Fördersystem vorzuziehen, welches sich durch die höchste Planungs- und Investitionssicherheit auszeichnet, da dies ein entscheidendes Erfolgskriterium ist.[440] Demzufolge wäre das Einspeisevergütungsmodell des EEG 2014 die beste Alternative. Hier ist die Planungs- und Investitionssicherheit, aufgrund der gesetzlich zugesicherten Vergütung in Kombination mit der Stromabnahmegarantie besonders hoch. Das unternehmerische Risiko entfällt nahezu komplett. Der Anlagenbetreiber weiß genau, welche Vergütung er über den Zeitraum von 20 Jahren zugesichert bekommt. Die einzige Unsicherheit würde bei der Wind- und Solarenergie die Wetterkomponente darstellen.[441] Für den Erfolg in diesem Bereich, würde auch die in den vergangenen Jahren kontinuierlich steigende Zubaurate der Erneuerbaren Energien sprechen.[442] Im EEG 2017 hingegen, besteht durch das Ausschreibungssystem eine gewisse Unsicherheit darüber, ob ein Anlagenbetreiber einen Zuschlag für sein Erneuerbares Energien-Projekt erhält. Hier besteht für die Investoren die Gefahr, die vorher investierten Kosten zu verlieren, da sie durch die Teilnahme an den Auktionen nicht unbedingt einen Zuschlag erhalten.[443] Im schwedischen Quotenmodell richtet sich der Zertifikatspreis

[439] Vgl. Kapitel 3.

[440] Vgl. Kapitel 5.2.

[441] Vgl. Kapitel 4.1 und Kapitel 6.

[442] Vgl. Kapitel 6.12.1.

[443] Vgl. Kapitel 7.2 und 4.2.2.

nach Angebot und Nachfrage. Dementsprechend besteht hier eine gewisse Unsicherheit in Bezug auf die Erlössituation.[444] Dennoch lassen sich diese beiden Modelle erfolgsspezifisch ausgestalten, wodurch angestrebte Ausbauziele zu erreichen sind. Durch die im EEG 2017, in Höhe des Gebotspreises, zugesicherte Vergütung, die über einen zwanzig-jährigen Zeitraum gezahlt wird sowie der weiterhin bestehenden Stromabnahmegarantie, kann dennoch von einer ausreichenden Planungssicherheit gesprochen werden.[445] Auch für das schwedische Quotenmodell wurde die Planungssicherheit der Projektierer dadurch erhöht, dass diese eine 15-jährige Qualifikationsphase für die Zertifizierung ihres Stromes zugesichert bekommen und die Zielquoten Schwedens langfristig, bis zum Jahr 2035, angelegt sind.[446] Inwieweit das EEG 2017 die Ausbauziele erreichen kann, hängt von der tatsächlichen Projektrealisierung ab. In der Pilotausschreibungsphase für Photovoltaik-Freiflächenanlagen und in der ersten Ausschreibungsrunde unter dem EEG 2017 für Solarenergie, kam es zu genügend Beteiligung an den Ausschreibungsrunden. Nun muss sich noch zeigen, ob die Realisierungsraten nach den Zuschlagserteilungen befriedigend ausfallen. Durch die ausreichend gesetzten Pönalen ist davon auszugehen.[447] Und auch das schwedische Quotenmodell hat eine Quotenerfüllungsrate von 100 Prozent aufzuweisen.[448] Dementsprechend erscheinen alle Fördermodelle als geeignet, die von der Bundesregierung angestrebten Ausbauziele zu erreichen. Allerdings reicht eine reine Betrachtung der Effektivität eines Fördermodels in Hinblick auf die Ausbaumenge nicht aus. Die Kosten des EEG stiegen in der Vergangenheit stetig an. Die von den Verbrauchern zu zahlende EEG-Umlage liegt mittlerweile bei über 6 ct/kW und machen so 20 Prozent des Verbraucherstrompreises aus. Um die Förderkosten der Erneuerbaren Energien zu senken und somit auch die Akzeptanz der Energiewende in der Bevölkerung nicht zu verlieren, gilt es, das System kosteneffizient auszugestalten. Dies ist vor allem durch eine voranschreitende Marktintegration der Erneuerbaren Energien zu erreichen.[449] Im Bereich der Kosteneffizienz und der Marktintegration weist das EEG

[444] Vgl. Kapitel 8.1.

[445] Vgl. Kapitel 5 und Kapitel 7.5.

[446] Vgl. Kapitel 5 und Kapitel 8.1.

[447] Vgl. Kapitel 8.2.1.

[448] Vgl. Kapitel 8.1.

[449] Vgl. Kapitel 6.12.1 und Haucap; Klein; Kühling (2013): Die Marktintegration der Stromerzeugung aus erneuerbaren Energien, S. 13 – 14.

2014 einige Ineffizienzen auf. Der sogenannte Atmende Deckel, der den Ausbau erneuerbarer Energien durch finanzielle Anreize planvoll steuern sollte, erwies sich als uneffektiv. Durch den unkontrollierten Ausbau kam es zu weiteren Kostensteigerungen. Auch die verpflichtende Direktvermarktung trug nicht sonderlich zur Marktintegration der Erneuerbaren Energien bei. Die damit verfolgte Flexibilisierung der Einspeiseleistung blieb so gut wie aus.[450] Das EEG 2017 bietet in Hinblick auf die Kosteneffizienz und auf die geforderte Marktintegration mehr Potential. Durch die wettbewerbliche Ermittlung der Vergütungshöhe ist von einer durchschnittlich sinkenden Vergütungshöhe auszugehen. Durch die wettbewerbliche Ermittlung der Vergütungshöhe werden die Anlagenbetreiber ihren Grenzkosten entsprechende Gebote abgeben, um einen Zuschlag zu erhalten. Auch die Erfahrungen in der Photovoltaik-Freiflächenausschreibung sowie der ersten Ausschreibungsrunde im Solarbereich nach dem EEG 2017 zeugen von einem sinkenden Fördersatz. In diesem Punkt besteht allerdings das Risiko, dass Projektierer Zuschläge bekommen, die das Projekt am Ende allerdings nicht umsetzen können, da sie ihr Gebot zu niedrig angesetzt haben. Durch die wettbewerbliche Ermittlung der anzulegenden Werte kann von einem Fortschritt im Bereich der Marktintegration gesprochen werden. Allerdings erfolgt der Zubau weiterhin ohne marktwirtschaftliche Anreize. Weiterhin wird der einmal ermittelte, anzulegende Wert über einen Zeitraum von zwanzig Jahren an die Anlagenbetreiber gezahlt und ergibt sich nicht nach Angebot und Nachfrage.[451] Weiterhin erfolgen die Ausschreibungen technologiedifferenziert, was zu Kostensteigerungen führen kann, da sich durch eine technologieneutrale Ausgestaltung die kostengünstigste Technologie am Markt durchsetzen würde.[452] Auch die geplanten technologieneutralen Ausschreibungen für Windenergie und Photovoltaik, erfolgen nur durch einen gesicherten diversifizierten Ausbau.[453] Betrachtet man das Quotenmodell, ist hier wohl die weitreichendste Marktintegration erfolgt. Lediglich die Zubaurate ist gesetzlich festgelegt. Der Preis richtet sich nach Angebot und Nachfrage und auch der Technologiemix wird durch die kostengünstigste Stromproduktion ermittelt. Allerdings können hier erhöhte Förderkosten dadurch entstehen, dass durch die unbekannte Erlössituation der Anlagenbetreiber, Risikoaufschläge in den Fremdfinanzierungskosten zu Buche

[450] Vgl. Kapitel 6.12.

[451] Vgl. Kapitel 7.12.

[452] Vgl. Kapitel 5.2.2.

[453] Vgl. Kapitel 7.12.

schlagen.[454] In Hinblick auf die Versorgungssicherheit, wäre das EEG 2017 wahrscheinlich die beste Wahl. Durch den durch das EEG 2014 geschehenen unkontrollierten Ausbau Erneuerbarer Energien kam es dazu, dass das Netzmanagement und auch der Netzausbau vor große Herausforderungen gestellt und dieser durch den unsteten Zubau nicht planbar durchführbar war.[455] Das Quotenmodell könnte die Versorgungssicherheit dadurch gefährden, dass sich durch die technologieneutrale Ausgestaltung die günstigste Energieform (in Deutschland Windenergie) am Markt durchsetzen. Ohne Ausgleichstechnologien wie z. B. Biomasse und Solarstrom, würde das Stromnetz noch extremeren Schwankungen unterliegen.[456] Durch das EEG 2017 erfolgt der Zubau kontrolliert, steuerbar und technologiedifferenziert. Weiterhin wurde ein Netzausbaugebiet etabliert, welches den Ausbau von Windenergie, in stark beanspruchten Gebieten, limitiert.[457] Dennoch hat der Ausbau Erneuerbarer Energien auch positive langfristige Effekte auf die Versorgungssicherheit. So können diese Technologien die endlichen fossilen Energieträger ersetzen und auch die Importabhängigkeit Deutschlands reduzieren, was der Versorgungssicherheit zuträglich wäre.[458] Inwiefern das übergeordnete Ziel des Klimaschutzes durch ein Förderinstrument erreicht werden kann, hängt von dessen Effektivität im Bereich des Ausbaus der Erneuerbaren Energien ab. Da das EEG ein zentrales Instrument der Energiewende darstellt, sollte dieser Aspekt in der Kostendebatte nicht außer Acht gelassen werden. Im Grunde scheinen alle Instrumente dazu geeignet, einen Beitrag zum Klimaschutz zu leisten. Die Treibausgase im Energiesektor, konnten nachweislich durch das Ersetzen fossiler Energieträger durch Erneuerbare Energien reduziert werden.[459] Um die Energiewende und die verfolgten Reduktionsziele Deutschlands zu erreichen, sollte der Ausbau Erneuerbarer Energien voranschreiten. Das Ziel, bis 2050 mindestens einen Anteil von 80 Prozent Erneuerbarer Energien am Stromverbrauch zu erzielen, ist weiter zu verfolgen. Allerdings ist darauf hinzuweisen, dass das EEG bzw. der Ausbau Erneuerbarer Energien nicht als alleiniges Instrument ausreichen wird, um die Reduktion-

[454] Vgl. Kapitel 8.2.4.
[455] Vgl. Kapitel 6.12.4.
[456] Vgl. Kapitel 8.2.
[457] Vgl. Kapitel 7.12
[458] Vgl. Kapitel 6.12
[459] Vgl. Kapitel 6.12.5, 7.12.5 und 8.2.5.

ziele zu erreichen. Hier müssen auch in anderen Bereichen, z. B. dem Verkehrssektor, effektive Maßnahmen ergriffen werden.[460] Weiterhin würde eine bloße Marktintegration der Erneuerbaren Energien dazu führen, dass die Netzstabilität bzw. Versorgungssicherheit langfristig, aufgrund der natürlichen Einspeiseschwankungen, nicht gewährleistet erscheint. Mögliche Maßnahmen wären hier Investitionsanreize für Speichertechnologien zu setzen, um das Problem der fluktuierenden Einspeisung zu verringern.[461] Im Hinblick auf die quantitativen Ausbauziele und den damit einhergehenden Klimaschutzeffekt erscheint das EEG 2017 als ein effektives Instrument. Auch im Bereich der Kosteneffizienz wurden Mechanismen, wie z. B. die wettbewerbliche Ermittlung der Vergütungshöhe, etabliert, die die Förderkosten senken können. Dementsprechend geht das EEG 2017 in Bezug auf die Marktintegration und die Schaffung von Wettbewerb, im Bereich der Erneuerbaren Energien, einen Schritt in die richtige Richtung. Langfristig erscheint diese Form der Marktintegration jedoch nicht ausreichend, wenn man bedenkt, dass im Jahr 2050 mindestens 80 Prozent der Energie aus Erneuerbaren Energien bestehen soll.[462] Durch die Herausnahme dieser Technologien aus dem Wettbewerb, könnte der liberalisierte Energiemarkt in Frage gestellt werden, da sich die Preisbildung dieser Technologien außerhalb des wettbewerblichen Marktes abspielt.[463] Dennoch sollten die Erneuerbaren Energien weiterhin gefördert werden, da die Kosten des Klimawandels die der Energiewende bei weitem übersteigen werden und die externen Kosten der konventionellen Energien, wie z. B. Kosten durch Öl- oder Reaktorkatastrophen, in den Energiepreisen nicht abgebildet werden.[464] Eine hundertprozentige Zielerreichung eines jeden Teilziels, wird mit keinem Fördersystem möglich sein. Es ist darauf zu achten, eine gewisse Ausgeglichenheit der einzelnen Komponenten zu erreichen und somit das Zieldreieck von Versorgungssicherheit, Nachhaltigkeit und Kosteneffizienz der deutschen Energiepolitik im Blick zu haben. Der Novellierungsbedarf des EEG 2014 war in Hinblick auf die Kostensteigerung der EEG-Umlage und der Netzausbaukosten sowie der

---

[460] Vgl. Kapitel 6.12.5.

[461] Vgl. Kapitel 6.12.2.

[462] Vgl. Kapitel 6.1.

[463] Vgl. Haucap; Klein; Kühling (2013): Die Marktintegration der Stromerzeugung aus erneuerbaren Energien, S. 13.

[464] Vgl. Kapitel 3.

fehlenden Marktintegration zwingend notwendig. Von 2006 bis 2016 stieg der Anteil Erneuerbarer Energien am deutschen Bruttostromverbrauch von ca. 6 Prozent auf über 30 Prozent an. Der durch das EEG bezweckte Anreiz, in Erneuerbare Energien zu investieren, trug folglich Früchte und das Einspeisevergütungssystem erscheint somit als ein überholtes Instrumentarium.[465] Sollte der neue Schwerpunkt der Zielerreichung zukünftig nur noch auf Kosteneffizienz und Marktintegration beruhen, dann wäre das schwedische Quotenmodell dem EEG 2017 vorzuziehen. Sollte allerdings versucht werden, eine möglichst ausgeglichene Erreichung aller Teilziele zu verfolgen, dann erscheint das EEG 2017 als das besser geeignete Fördermodell. Die aus dem EEG 2014 in das EEG 2017 übernommenen Berichts- und Überprüfungspflichten[466] ermöglichen einen kontinuierlichen Evaluierungsprozess. So werden durch den Fördermechanismus hervorgerufene Probleme und Ineffizienzen erkannt und es besteht die Möglichkeit diese durch neue Maßnahmen zu beseitigen und das EEG 2017 fortlaufend zu optimieren.

[465] Vgl. Kapitel 6.12.1.

[466] Vgl. Kapitel 7.11.

Literaturverzeichnis

Altrock, Martin; Oschmann, Volker; Theobald, Christian (2008):, Erneuerbare-Energien-Gesetz Kommentar, 2. Auflage, München 2008

Altrock, Martin; Vollprecht, Jens (2016): Die EEG Novelle 2017: Von Ausschreibungen und zuschaltbaren Lasten in EnWZ 2016, S 387

Bechberger, Mischa; Körner, Stefan; Reiche, Danyel (2003): Erfolgsbedingungen von Instrumenten zur Förderung Erneuerbarer Energien im Strommarkt, Forschungsstelle für Umweltpolitik, FFU-report 01-2003, Berlin

Boemke, Maximilian (2017): Die Regelungen des EEG 2017 im Überblick, S. 4, NVwZ, Heft 1, beck-online.

Bräuer, Wolfgang (2002): Ordnungspolitischer Vergleich von Instrumenten zur Förderung von Strom aus erneuerbaren Energien im deutschen Stromsektor, in ZfU 1/2002, S. 61 – 103

Brahms, Florian (2016): Die Integration der Erneuerbaren Energien im Strommarkt – die Direktvermarktung zwischen Mindestvergütung und freiem Markt

Danner, Wolfgang; Theobald, Christian (2008): Energierecht, Kommentar, Band 2, Beck Verlag, München

Danner, Wolfgang ; Theobald, Christian; Oschmann, Wolfgang (2016): EEG 2014, online Kommentar, beck-online

Deutscher Bundestag:
BT-Drs. 18/1304
BR-Drs. 157/14
BT-Drs. 17/3629
BT-Drs. 18/8860
BT-Drs. 15/2864

Ekardt, Felix; Valentin, Florian (2015): Das neue Energierecht, EEG Reform Nachhaltigkeit Europäischer und internationaler Klimaschutz, Nomos Verlag, Baden Baden

Espey, Simone (2001): Internationaler Vergleich energiepolitischer Instrumente zur Förderung von regenerativen Energien in ausgewählten Industrieländern

Frenz, Walter; Müggenborg, Hans-Jürgen; Cosack, Tilman; Ekardt, Felix (2015): EEG, Erneuerbare Energien Gesetz, Kommentar, 4. Auflage, Erich Schmidt Verlag, Berlin

Gabler, Andreas; Metzenthin, Andreas, EEG, Der Praxiskommentar, Loseblatt-Kommentar, Frankfurt am Main

Gawel, Erik; Purkus, Alexandra; Bruttel, Franziska (2016): Auktionen als Förderinstrument für Erneuerbare Energien, EnWZ 2016, S. 153, beck-online

Gawel, Erik/Lehmann, Paul; Korte, Klaas; Strunz, Sebastian; Bovet, Jana; Köck, Wolfgang; Massier,

Philipp; Löschel, Andreas; Schober, Dominik; Ohlhorst, Dörte; Tews, Kerstin; Schreus, Miranda; Reeg, Matthias; Wassermann, Sandra (2014): Die Zukunft der Energiewende in Deutschland, ZUR, S. 219, beck-online

Geipel, Martin; Dinter, Jan (2014): Das Erneuerbare Energien-Gesetz 2014, Versorgungswirtschaft, Heft 8 2014, S. 201.

Greb, Klaus; Boewe, Marius (2016): Beck´scher Online Kommentar, beck-online

Hampel, Christian; Groth, Katharina (2014): Der Abschluss des Beihilfeverfahrens gegen das EEG 2012 und seine Auswirkungen auf stromintensive Unternehmen, EnWZ 2012, S. 451

Haucap, Justus; Klein, Carolin; Kühling, Jürgen (2013): Wettbewerb und Regulierung von Märkten und

Unternehmen, Die Marktintegration der Stromerzeugung aus erneuerbaren Energien, eine ökonomische und juristische Analyse, Nomos, Baden Baden

Hemmelskamp, Jens (1999): Umweltpolitik und technischer Fortschritt, Eine theoretische und empirische Untersuchung der Determinanten von Umweltinnovationen, Heidelberg

Herz, Steffen; Valentin, Florian (2014): Direktvermarktung, Direktlieferung und Eigenversorgung nach dem EEG 2014, EnWZ 2014, S. 358, beck-online

Jänicke (1996) Erfolgsbedingungen von Umweltpolitik in Jänicke, Umweltpolitik der Industrieländer, Berlin

Kahle, Chrisitan (2014): Die beihilferechtliche Genehmigung des EEG 2014 durch die europäische Kommission, EnWZ, S. 1563, beck-online

Kaltschmitt, Martin; Streicher, Wolfgang; Wiese, Andreas (2005): Erneuerbare Energien, Systemtechnik, Wirtschaftlichkeit, Umweltaspekte, 4. Auflage, Springer Verlag, Heidelberg

Kosinowski, Henrike; Groth, Markus (2011): Die deutsche Förderung erneuerbarer Energien; Bestandsaufnahme und Perspektiven vor dem Hintergrund des europäischen Emissionszertifikatenhandel; metropolis Verlag, Marburg

Kopp, Oliver; Eßer-Frey, Anke; Engelhorn, Thorsten (2012): Können sich erneuerbare Energien langfristig auf wettbewerblich organisierten Strommärkten finanzieren?, Z Energieweirtschaft, Heft 36, S. 243 – 255, beck-online

Kreuter-Kirchhof, Charlotte (2015): Die Rechtsmaßstäbe des EEG 2014 – Klimaschutz, Kostenersparnis und Versorgungssicherheit, NVwZ 2015, S. 1480-1486, beck-online.

Langniß, Ole (2001): die Quotenregelung in Texas, Energierechtliche Tagesfragen 12/01, S. 802 – 805

Lenz, Simone; Pfaffenberger, Wolfgang: Stromhandel mit erneuerbaren Energien in einem Quotenmodell, Bremer Energieinstitut

Lehnert, Wieland; Vollprecht, Jens: Neue Impulse von Europa: die Erneuerbare-Energien-Richtlinie der EU, ZUR 2009, Heft 6, S. 307 - 317, beck-online

Lehnert, Wieland (2012): Markt- und Systemintegration der Erneuerbaren Energien: Eine rechtliche Analyse der Regeln zur Direktvermarktung im EEG 2012, ZUR, Heft 4, S. 18, beck-online

Loibl, Helmut; Maslaton, Martin; Bredow, Hartwig; Walter, Rene (2013): Biogasanlagen im EEG, 3.Auflage, Erich Schmidt Verlag, Berlin

Lüdemann, Manuel Christian; Ortmann, Volker (2014): Direktvermarktung im EEG, EnWZ, Heft 9, S. 385 – 432, beck-online

Michalowska, Dorota (2008): Modelle zur Förderung erneuerbarer Energieträger, Eine rechtsvergleichende Untersuchung

Mohr, Jochen (2015): Ausschreibung der finanziellen Förderung von Strom aus erneuerbaren Energien, EnWZ 2015, S. 99, beck-online

Müller, Thorsten (2012): 20 Jahre Recht der Erneuerbaren Energien, Nomos Verlag, Baden Baden

Ohms, Martin J. (2014): Recht der Erneuerbaren Energien, NJW Praxis, Band 88, C. H. Beck Verlag, München

Oschmann, Volker; Müller, Thorsten (2004): Neues Recht für Erneuerbare Energien – Grundzüge der EEG Novelle, ZNER 2004, S. 24 – 30.

Reiche, Danyel (2004): Rahmenbedingungen für erneuerbare Energien in Deutschland, Möglichkeitenund Grenzen einer Vorreiterpolitik, Peter Lang Verlag, Frankfurt am Main

Reshöf, Jan; Schäfermeister, Andreas (2014): EEG, Erneuerbare-Energien-Gesetz, Handkommentar, 4. Auflage, Nomos, Baden Baden

Ringel, Christina; Bitsch, Christian in NVwZ (2009): Die Neuordnung des Rechts der Erneuerbaren Energien in Europa, 2009, S. 801, Heft 13

Säcker, Franz Jürgen (2010): Berliner Kommentar zum Energierecht, Band 1, 2. Auflage, Verlag Recht und Wirtschaft GmbH, Frankfurt am Main

Säcker, Franz Jürgen (2014): Berliner Kommentar, Energierecht, Band 2, 3. Auflage, dfv Medien-gruppe, Frankfurt am Main

Salje, Peter (2012): EEG 2012, Gesetz für den Vorrang Erneuerbarer Energien, Kommentar, 6. Auf-lage, Carl Heymanns Verlag, Köln

Sellner, Dieter; Fellenberg, Frank: Atomausstieg und Energiewende 2011 – das Gesetzespaket im Überblick, NVwZ 2011, S. 1025 ff., beck-online

Scheffler, Jörg (2014): Die gesetzliche Basis und Förderinstrumente der Energiewende, aktueller Stand des EEG und des KWK-G, springer Fachmedien, Wiesbaden

Schlüter, Fabian (2015): Die Strategie des Ausbaus erneuerbarer Energien, Eine Untersuchung derdeutschen Preissetzungsstrategie des EEGs aus Sicht einer evolutorisch-kybernetischen Theorie der Wirtschaftspolitik, Institutionelle und Evolutorische Ökonomik, Band 45, Metropolis-Verlag, Marburg

Schmidt-Bleibtreu; Hofmann; Hopflauf (2001): GG, Art. 72 Rn. 75.

Schneider, Jens-Peter; Theobald, Christian (2008): Recht der Energiewirtschaft, Praxishandbuch, Beck Verlag, München

Schulz, Thomas (2014): Handbuch Windenergie, Erich Schmidt Verlag, Berlin

Stuhlmacher, Gerd; Stappert, Holger; Schoon, Heike; Jansen, Guido (2015): Grundriss zum Energie echt, Die rechtlichen Rahmen für die Energiewirtschaft, 2. Auflage, EW Medien und Kongresse GmbH, Frankfurt am Main

Thomas, Henning (2014): Das EEG nach Anspruchsgrundlagen, NVwZ 2014, S. 1139, beck-online

Vollprecht, Jens; Clausen, Fabian: Auf dem Weg zum EEG 2014 – ein Werkstattbericht, EnWZ 2014, S. 112, beck-online

Wustlich, Guido (2014): Das Erneuerbare Energien Gesetz 2014, NVwZ, S. 1113, beck-online

Internetquellen:

BWE (2016): Installierte Windenergieleistung in Deutschland, https://www.wind-energie.de/infocenter/statistiken/deutschland/installierte-windenergieleistung-deutschland, zuletzt abgerufen am 18.04.2017

BMWi (2017): Erneuerbare Energien sind wichtigste Stromquelle in Deutschland, https://www.bmwi.de/Redaktion/ DE/Dossier/ erneuerbare-energien.html, zuletzt aufgerufen am 25.04.2017.

BMWi (2017): Das Erneuerbare-Energien-Gesetz, https://www.erneuerbare-energien.de/EE/Redaktion/ DE/Dossier/eeg.html?cms_docId=73930, zuletzt abgerufen am 25.04.2017 und Umweltbundesamt (2017): Treibhausgas-Emissionen in Deutschland, http://www.umweltbundesamt.de/daten/klimawandel/treibhausgas-emissionen-in-deutschland#textpart-4, zuletzt abgerufen am 27.04.2017

BMWi (2017): Erneuerbare Energien sind wichtigste Stromquelle in Deutschland, https://www.bmwi.de/Redaktion/ DE/Dossier/ erneuerbare-energien.html, zuletzt aufgerufen am 25.04.2017.

BMWi (2017): Das Erneuerbare-Energien-Gesetz 2014, https://www.erneuerbare-energien.de /EE/Redaktion/ DE/Dossier/eeg.html?cms_docId=73930, zuletzt abgerufen am 25.04.2017.

BMWi (2016): Gesetzesentwurf der Bundesregierung – EEG 2016, https://www.bmwi.de/Redaktion/DE/Downloads /G/gesetzentwurf-ausschreibungen-erneuerbare-energien-aenderungen-eeg-2016.pdf?__blob=publicationFile&v=4, S. 172.

BMUD (2016): Die Klimakonferenz in Paris, http://www.bmub.bund.de/themen/klima-energie/klimaschutz/internationale-klimapolitik/pariser-abkommen/#c33180, zuletzt abgerufen am 27.04.2017.

BNetzA (2017): Beendete Ausschreibungen 2015 und 2016, https://www.bundesnetzagentur.de/ DE/Sachgebiete/ElektrizitaetundGas/Unternehmen_Institutionen/ErneuerbareEnergien/Ausschreibungen/Solaranlagen/PV-Freiflaechenanlagen/Beendete_Ausschreibung/Ausschreibungen2015_16_node.html, zuletzt abgerufen am 23.04.2017.

BNetzA (2017): Hintergrundpapier, https://www.bundesnetzagentur.de/SharedDocs/Downloads/DE/Sachgebiete/Energie/Unternehmen_Institutionen/ErneuerbareEnergien/EEG_Ausschreibungen, zuletzt abgerufen am 27.04.2017. _2017/Hintergrundpapiere/Hintergrundpapier_01_02_2017.pdf?__blob=publicationFile&v=3, zuletzt abgerufen am 27.04.2017.

BWE (2016): Installierte Windenergieleistung in Deutschland, https://www.wind-energie.de/infocenter/statistiken/deutschland/installierte-windenergieleistung-deutschland, zuletzt abgerufen am 18.04.2017

Clearingstelle EEG (2017):Europäische Kommission genehmigt EEG 2017 und Netzreserve, https://www.clearingstelle-eeg.de/sonstiges/3470, zuletzt abgerufen am 23.04.2017

Gabler Wirtschaftslexikon: Erneuerbare Energien, http://wirtschaftslexikon.gabler.de/Definition/erneuerbare-energien.html, zuletzt abgerufen am 27.04.2017

Gabler Wirtschaftslexikon: Merit Order Effekt, http://wirtschaftslexikon.gabler.de/Definition/merit-order-effekt.html, zuletzt abgerufen am 20.04.2017.

Gabler Wirtschaftslexikon (2017): Erneuerbare Energien,http://wirtschaftslexikon.gabler.de/Definition/erneuerbare-energien.html, zuletzt abgerufen am 06.03.2017

Monopolkommission (2013): Energie 2013: Wettbewerb in Zeiten der Energiewende, http://www.monopol kommission.de/images/PDF/SG/s65_volltext.pdf, S. 124.

Statista: Anteil erneuerbarer Energien am Bruttoendenergieverbrauchs Schwendens vom Jahr 2004bis zum Jahr 2014, https://de.statista.com/statistik/daten/studie/161421/umfrage/stromerzeugung-aus-erneuerbaren-energien-in-schweden/, zuletzt abgerufen am 25.04.2017.

Tagesschau.de (2016): Ein Abkommen, das Druck erzeugt, https://www.tagesschau.de/inland/pariser-klimaabkommen-101.html

the guardian (2016): Paris climate deal: countries with about half global emissions to join this year,https://www.theguardian.com/environment/2016/apr/25/paris-climate-agreement-environment-climate-change-un, zuletzt abgerufen am 27.04.2017

VKU (2016): EuG bestätigt EU-Kommission: http://www.vku.de/finanzen-steuern/eug-bestaetigt-eu-kommission-eeg-2012-umfasste-staatliche-beihilfen.html?p=1, zuletzt abgerufen am 21.04.2017.